INVENTAIRE
V 41244

AF458884

THÉORIE GÉNÉRALE

DE LA

DIVISIBILITÉ DES NOMBRES;

Suivie

D'APPLICATIONS VARIÉES ET D'UNE TABLE DE NOMBRES PREMIERS

COMPRISE ENTRE 0 ET 100,000.

PAR AUGUSTE GUYOT,

Docteur de la Faculté des Sciences de Paris, Agrégé de l'Université, etc.

PARIS,

ANSELIN, LIBRAIRE POUR L'ART MILITAIRE,

LES SCIENCES ET LES ARTS,

Rue Dauphine, 36, dans le passage Dauphine.

1835.

Cosse, Appert et Bacquenois,
rue Christine, 2.

PRÉFACE.

Les propriétés relatives à la divisibilité des nombres ayant une importance particulière en arithmétique et se trouvant éparses dans la plupart des traités de cette science, j'ai cherché à en faire un résumé qui les rendît faciles à classer dans la mémoire des jeunes commençans; je les ai fait suivre de leurs applications les plus immédiates.

Je présente en même temps quelques propositions qui n'avaient pas été publiées, tout en reconnaissant combien est faible le mérite des innovations dans un sujet aussi élémentaire : elles m'ont conduit à résoudre, avec la plus grande simplicité, une classe de problèmes qui m'a paru digne de remarque; je citerai, parmi ces problèmes, celui *de la rencontre simultanée d'un nombre quelconque de mobiles sur la circonférence d'une courbe*, qu'on a résolu dans les élémens de l'algèbre, pour le cas seulement de trois mobiles.

Une note sur les communes mesures, et des tables de nombres premiers terminent cet opuscule.

TABLE DES MATIÈRES.

THÉORIE GÉNÉRALE

DE LA

DIVISIBILITÉ DES NOMBRES.

Préliminaires.

1. On dit d'une manière abrégée qu'un nombre est *divisible* par un autre, lorsque la division du premier par le second donne pour quotient un nombre entier. On dit, par exemple, que 12 est divisible par 4 et ne l'est pas par 5, que $\frac{3}{4}$ est divisible par $\frac{4}{8}$ et ne l'est pas par $\frac{4}{7}$.

Tout nombre qui en divise ainsi un autre forme un *diviseur* de celui-ci : 4 est en conséquence un diviseur de 12 ; on dit encore que 4 est *contenu comme facteur* dans 12.

D'après cette définition, tout nombre entier est divisible par lui-même et par l'unité : on peut ajouter que réciproquement tout nombre divisible par l'unité est un nombre entier.

2. Un nombre est *diviseur commun* de plusieurs autres, lorsqu'il l'est de chacun d'eux en particulier. Ainsi, 9 est diviseur commun des deux nombres 36 et 54 ; 8 est diviseur commun des nombres 24, 32 et 56.

Le plus grand nombre parmi tous ceux qui en divisent

plusieurs autres, est donc *leur plus grand commun diviseur.*

Les arithméticiens qui se sont occupés de la divisibilité des nombres ont toujours fait abstraction des diviseurs fractionnaires : mais en les admettant, on peut dire que, dès que l'on connaît un diviseur commun de plusieurs nombres, on en connaît par cela même une infinité; car toute partie aliquote de ce diviseur doit jouir de la même propriété.

3. On appelle *nombre premier* tout nombre entier qui n'a d'autre diviseur entier que lui-même ou l'unité. Les nombres 13, 17, 19, par exemple, sont des nombres premiers.

Deux nombres entiers sont *premiers entre eux*, lorsqu'ils n'ont en nombre entier d'autre diviseur commun que l'unité. Ainsi, les nombres 24 et 35 sont premiers entre eux, bien que chacun d'eux ne soit pas premier d'une manière absolue.

4. Tout nombre divisible par un autre est dit aussi former un *multiple* de ce dernier. *Le plus petit multiple* de divers nombres est en conséquence le plus petit nombre qui soit divisible à la fois par chacun de ceux-ci : il est analogue au plus grand commun diviseur, et on pourrait l'appeler *le plus petit commun dividende* des nombres proposés.

5. Cette théorie générale embrasse plusieurs théories particulières qui seront exposées sous forme de paragraphes. Dans les cinq premiers tous les nombres considérés ainsi que leurs diviseurs seront supposés entiers; dans le sixième, nous traiterons spécialement de nombres fractionnaires.

6. Comme nous aurons souvent occasion d'appliquer

les principes de la *division* des nombres entiers, nous allons en rappeler sommairement les énoncés. Il importe d'ailleurs d'établir une ligne de démarcation bien tranchée entre ces principes et ceux de la *divisibilité*.

I. Dans toute division, si l'on multiplie le dividende par un facteur, le quotient se trouve multiplié par ce facteur.

II. Si l'on multiplie le diviseur par un facteur, le quotient se trouve divisé par ce facteur.

III. Si l'on multiplie dividende et diviseur par un même facteur, le quotient demeure invariable, mais le reste se trouve multiplié par ce même facteur.

IV. Si l'on décompose le dividende en parties quelconques, il est permis d'effectuer la division sur chacune de ces parties, pourvu que l'on réunisse les quotiens partiels. (Princ. des *divisions partielles*.)

V. Si l'on divise le dividende par un diviseur, le quotient par un second diviseur et ainsi de suite, le quotient final est indépendant de l'ordre des divisions successives et le même que si l'on avait divisé le dividende par le produit de tous les diviseurs. (Princ. des *divisions successives*.)

§ 1er (*).

CARACTÈRES PARTICULIERS DE DIVISIBILITÉ.

7. En général, on ne peut s'assurer de la divisibilité d'un nombre par un autre qu'en essayant la division. Cependant, quel que soit un nombre proposé, il est facile de découvrir à sa seule inspection ou par le secours d'opérations très simples, s'il admet pour diviseurs les

(*) Nous rappellerons que dans les cinq premiers paragraphes, c'est-à-dire jusqu'à celui dont le titre se rapporte à des nombres fractionnaires, il s'agit uniquement de nombres entiers.

Afin de donner une forme plus générale et plus précise aux démonstrations, nous représenterons souvent par des lettres les nombres entiers quelconques auxquels elles seront applicables, mais le lecteur pourra s'exercer à les répéter sur des exemples numériques.

nombres particuliers 2, 3, 5, 9, 11 et quelques-unes de leurs puissances. On sait en outre, dans les cas de non-divisibilité, déterminer le reste de la division; on se fonde sur les propositions suivantes :

1° *Si un nombre quelconque* A *peut être décomposé en deux parties l'une et l'autre divisibles par un autre nombre* B, *le nombre* A *est lui-même divisible par* B. Car (n° 6, IV), le quotient total est la somme des quotiens partiels : si donc les quotiens partiels sont des nombres entiers, le quotient total sera aussi un nombre entier.

2° *Si une seule des deux parties de* A *est divisible par* B, *le nombre* A *lui-même ne saurait l'être; mais il donnera, étant divisé par* B, *le même reste que la partie non-divisible.* C'est une conséquence évidente du même principe.

3° *Si* A *est divisible par* B, *tout multiple de* A *est aussi divisible par* B. Le nouveau quotient est un nombre entier; car (n° 6, I) il doit être égal au quotient primitif, multiplié par le même facteur que celui qui multiplie A.

Voici maintenant en quoi consistent ces caractères de divisibilité.

8. *Tout nombre terminé par un zéro est divisible par* 10, *tout nombre terminé par deux zéros est divisible par* 100, *et généralement tout nombre terminé par un nombre* m *de zéros est divisible par* 10^m. Cette divisibilité est évidente, puisqu'il suffit, pour effectuer la division, de supprimer les zéros.

On peut ajouter que tout nombre qui n'est pas terminé par *m* zéros n'est pas divisible par 10^m, mais qu'*il donne pour reste de la division le nombre formé par ses* m *derniers chiffres.* C'est ainsi que le nombre 743865 divisé par 10^3 ou 1000 donne pour reste 865, car il est décomposable en 743000 + 865.

9. *Tout nombre terminé par un zéro est divisible par 2 et par 5; tout nombre terminé par deux zéros est divisible par 2^2 et 5^2, ou par 4 et 25; et généralement tout nombre terminé par* m *zéros est divisible par* 2^m *et* 5^m.

Tout nombre terminé par m zéros est divisible par 10^m; or, l'on a : $10=2\times5$, et par conséquent $10^m=2^m\times5^m$; donc (n° 7, 3°) tout nombre terminé par m zéros est divisible par 2^m et par 5^m.

Exemple : 730 est divisible par 2 et par 5, 7300 est divisible par 4 et par 25, etc.

10. *Tout nombre terminé par un chiffre pair est lui-même pair* (ou divisible par 2); *tout nombre dont les deux derniers chiffres forment un nombre divisible par 4 ou* 10^2 *est lui-même divisible par 4; et généralement tout nombre dont les* m *derniers chiffres forment un nombre divisible par* 2^m *est lui-même divisible par* 2^m.

Plus généralement encore : *Tout nombre qu'on divise par* 2^m *donne le même reste que donnerait le nombre formé par ses* m *derniers chiffres.*

En effet, soit le nombre 415378 : il est décomposable en 415370+8; or, la 1re partie est divisible par 2 (n° 9); donc (n° 7, 2°) la divisibilité du nombre total par 2 dépend uniquement de celle de 8 : ce chiffre étant pair, la divisibilité a lieu.

Le nombre considéré est décomposable en 415300 +78 : or, la 1re partie est divisible par 4 ou 2^2 (n° 9); donc la divisibilité totale par 4 dépend de celle de 78; ce dernier nombre divisé par 4 donnant le reste 2, on peut affirmer que le nombre total donnerait aussi le reste 2.

Le même nombre est décomposable en $415000 + 378$: la première partie est divisible par 8 ou 2^3; donc, la divisibilité totale par 8 dépend de celle de 378 : et ainsi de suite.

11. *Tout nombre terminé par le chiffre 5 est divisible par 5 ; tout nombre dont les deux derniers chiffres forment un nombre divisible par* 5^2 *ou 25, est lui-même divisible par 25; et généralement tout nombre dont les* m *derniers chiffres forment un nombre divisible par* 5^m, *est aussi divisible par* 5^m.

Plus généralement encore : *Tout nombre divisé par* 5^m, *donne le même reste que donnerait le nombre formé par ses* m *derniers chiffres.*

Cette propriété, analogue à la précédente, se démontre de la même manière.

12. *Tout nombre est divisible par 3 ou par 9, lorsque la somme absolue de ses chiffres est un nombre divisible par 3 ou par 9.*

Plus généralement : *Tout nombre divisé par 3 ou par 9, donne le reste que donnerait la somme absolue de ses chiffres.*

En effet, soit le nombre quelconque 58326 : il est décomposable en

$$5.1000 + 8.1000 + 3.100 + 2.10 + 6,$$

ou bien en

$$5.9999 + 5 + 8.999 + 8 + 3.99 + 3 + 2.9 + 2 + 6;$$

car il est visible que, pour prendre 10000 fois 5, par exemple, on peut prendre 9999 *fois* 5 *plus* 1 *fois* 5. Ce développement peut s'écrire :

$$5.9999 + 8.999 + 3.99 + 2.9 + 5 + 8 + 3 + 2 + 6;$$

or, *toute puissance de* 10 *diminuée d'une unité*, c'est-à-dire *tout nombre qui ne renferme d'autre chiffre que le chiffre* 9, est évidemment divisible par 3 ou par 9; donc chacune des quatre premières parties du développement ci-dessus, est divisible par 3 ou par 9, puisqu'elle renferme un facteur qui jouit de cette propriété (n° 7, 3°); donc la divisibilité totale dépend uniquement de celle de ce qui reste sur la droite, $5+8+3+2+6$, ou de la somme absolue des chiffres qui composent le nombre considéré.

Cette somme étant 24 et donnant le reste 6 dans la division par 9, on peut affirmer que le nombre 58326 divisé par 9 donnerait aussi le reste 6.

24 étant divisible par 3, le nombre 58326 doit l'être également.

Dans la pratique, on néglige, en faisant la somme absolue des chiffres, tous les 9 que peut contenir le nombre proposé, et à mesure que la somme surpasse 9, on ne tient compte que de l'excédant de cette valeur.

On trouvera que le nombre 37189364 donne le reste 5 dans la division par 9, et le reste 2 dans la division par 3, et que le nombre 86982552 est divisible par 9.

13. *Tout nombre est divisible par* 11, *lorsque la différence entre la somme absolue des chiffres de rangs impairs* (en partant de la droite) *et celle des chiffres de rangs pairs est zéro ou un nombre divisible par* 11.

Plus généralement : *Tout nombre divisé par* 11, *donne le reste que donnerait l'excès de la première somme sur la seconde; cette première somme étant augmentée d'un certain multiple de* 11, *si cela est nécessaire pour la rendre supérieure à la seconde.*

En effet, nous remarquerons d'abord que *toute puis-*

sance de 10, diminuée ou augmentée d'une unité, selon qu'elle est de degré pair ou impair, est divisible par 11. Pour le démontrer, soit la puissance paire 10^6 ou 1000000. Nous aurons : $1000000 - 1 = 999999 = 990000 + 9900 + 99$. Or, chacune de ces trois dernières parties contenant le facteur 99, lequel est divisible par 11, doit être elle-même divisible par 11.

Soit en second lieu la puissance impaire 10^7 ou 10000000 ; nous aurons : $10000000 = 9999990 + 10$. Or, la première de ces deux parties renfermant le facteur 999999 où les 9 sont en nombre pair, est divisible par 11, et l'on voit qu'il suffit d'ajouter une unité à la seconde pour la rendre divisible par 11.

Maintenant, considérons le nombre quelconque 6352847 : on peut le décomposer en

$$4.11 + 8.99 + 2.1001 + 5.9999 + 3.100001 + 6.999999$$
$$+ 7 - 4 + 8 - 2 + 5 - 3 + 6;$$

Or, chacune des parties qui forment la première ligne, est divisible par 11; donc la divisibilité totale ne dépend que de celle de la seconde ligne, qui revient à $7 + 8 5 + 6 - 4 - 2 - 3$, et représente l'excès de la somme des chiffres de rangs impairs, à partir de la droite, sur la somme des chiffres de rangs pairs.

On trouve pour cette valeur 17, nombre qui, divisé par 11, donne le reste 6 : il s'ensuit qu'on obtiendrait le reste 6, en divisant par 11 le nombre proposé.

Toutefois, il peut arriver que la somme des chiffres de rangs pairs surpasse celle des chiffres de rangs impairs, et ne puisse par conséquent en être soustraite : alors on augmente la somme trop faible d'un multiple convenable de 11 ; cette augmentation est permise, puisqu'on peut la considérer comme un *emprunt* fait sur les parties divisibles par 11.

Soit, par exemple, le nombre 947580. On trouve que la première somme est 9, et la seconde 24; en conséquence, nous ajouterons à 9 le multiple 22, suffisant pour donner une somme plus grande que 24, savoir 31 : l'excès de 31 sur 24 est 7, d'où nous concluons que 7 doit être le reste de la division de ce nombre par 11.

On trouvera de même que les nombres 4308799 et 13678492 sont divisibles par 11, que 54083142 donne le reste 3, 495823041 le reste 10, et 367830508 le reste 4.

§ 2.

THÉORIE DU PLUS GRAND COMMUN DIVISEUR.

Du plus grand commun diviseur de deux nombres.

14. Deux nombres étant proposés, il existe une méthode pour découvrir leur plus grand commun diviseur: elle repose sur les principes suivans.

1° *Si un nombre* A, *divisible par* B, *est composé de deux parties dont l'une soit divisible par* B, *l'autre partie doit être aussi divisible par* B. Car le quotient total est égal à la somme des quotiens partiels ; or, si la seconde partie donnait un quotient fractionnaire, ce quotient réuni à celui de la première partie qu'on suppose entier, ne pourrait former le quotient total, qu'on suppose aussi entier.

Exemple. Soit 320 décomposé en $240+80$: Si l'on a reconnu que 320 et 240 sont divisibles par 16, on est en droit d'affirmer que 80 est aussi divisible par 16.

2° *Le plus grand commun diviseur de deux nombres A et B est le même que celui qui appartient au plus petit de ces deux nombres, et au reste de la division du plus grand par le plus petit.*

Soient en effet Q le quotient, en nombre entier, R le reste de cette division, et supposons $A > B$. Nous aurons

$$A = BQ + R.$$

Mais tout nombre qui divise B, divise le produit BQ; donc, en vertu de ce qui précède, tout nombre qui divise A et B, doit diviser R; c'est-à-dire que *tout diviseur commun de deux nombres doit diviser le reste de leur division l'un par l'autre.*

Mais réciproquement, tout nombre qui divise B et R doit diviser A, puisqu'il divise les deux parties dont se compose A : donc, les deux nombres B et R ont les mêmes diviseurs communs que les deux nombres A et B; donc, ces nombres ont de part et d'autre le même plus grand commun diviseur.

Exemple. Soient les nombres 996 et 204 : divisés l'un par l'autre, ils donnent le reste 180. On doit en conclure que le plus grand commun diviseur de 996 et 204 est le même que celui des deux nombres 204 et 180.

3° *Le plus grand commun diviseur de deux nombres ne peut excéder le plus petit d'entre eux; il est précisément ce plus petit nombre, lorsque celui-ci divise l'autre.*

Car le plus petit des deux nombres se divise lui-même et n'est divisible par aucun nombre plus grand; donc, s'il divise l'autre nombre, il forme leur plus grand commun diviseur.

Exemple. Le plus grand commun diviseur de 540 et 27 est précisément 27, parce que 27 divise 540.

15. Maintenant, pour appliquer ces principes, soient les nombres 35420 et 2184 dont on demande le plus grand commun diviseur.

	16	4	1	1	2	3
35420	2184	476	280	196	84	28.
13580	280	196	84	28	0	
476						

Nous diviserons d'abord 35420 par 2184, pour savoir si 2184 forme lui-même le plus grand commun diviseur cherché; car cela aura lieu si le reste de la division est nul (n° 14, 3°) : mais nous trouvons que le reste n'est pas nul, et qu'il a pour valeur 476.

Le plus grand commun diviseur des nombres 35420 et 2184 devant être le même que celui des nombres 2184 et 476 (n° 14, 2°), nous substituerons, dans cette recherche, les deux derniers nombres aux premiers, et diviserons en conséquence 2184 par 476 : si le reste est nul, 476 sera le plus grand commun diviseur de ces derniers nombres, et par suite celui des nombres proposés ; mais nous trouvons ce reste égal à 280.

Le plus grand commun diviseur de 2184 et 476 devant être le même que celui de 476 et 280, nous substituerons encore les derniers nombres aux premiers, et les diviserons l'un par l'autre : si le nouveau reste est nul, 280 est le diviseur cherché, et s'il n'est pas nul, nous serons conduits à diviser 280 par le nouveau reste.

Or, en continuant cette suite d'opérations, comme les restes successifs vont sans cesse en diminuant, et sont cependant des nombres entiers, il faudra bien que nous parvenions tôt ou tard à un reste nul. Le diviseur correspondant sera le plus grand commun diviseur de tous les couples formés par les diviseurs successifs, en même temps que celui des deux nombres proposés.

Et en effet, après avoir obtenu les nouveaux restes 196, 84, 28, on trouve le reste 0 : nous en concluons que 28 est le plus grand commun diviseur des deux nombres 84 et 28, et par suite celui des nombres 196 et 84, 280 et 196, 476 et 280, 2184 et 476, 35420 et 2184.

On peut s'assurer que les deux nombres 35420 et 2184 sont bien divisibles par 28, et l'on chercherait vainement à les diviser l'un et l'autre par un même nombre plus grand.

On voit ci-dessus la disposition que l'on donne au calcul : les quotiens dont on ne tient aucun compte sont écrits au-dessus des diviseurs, et les restes au-dessous des dividendes.

Soient encore les nombres 315 et 187.

	1	1	2	2	1	19
315	187	128	59	20	19	1
128	59	20	19	1	0	

En répétant les mêmes opérations, on trouve que le diviseur qui donne le reste 0 est 1 : il s'ensuit que les nombres proposés sont premiers entre eux. (n° 3.)

16. Il est facile de déduire de ce qui précède le procédé suivant :

Pour trouver le plus grand commun diviseur de deux nombres, *divisez le plus grand par le plus petit, le plus petit par le reste obtenu, ce premier reste par le second, et ainsi de suite, jusqu'à ce que vous obteniez un reste nul. Le diviseur correspondant sera le plus grand commun diviseur demandé.*

17. 1re *Remarque.* Lorsque dans le cours de l'opération on découvre qu'un reste est nombre premier ou que deux restes consécutifs sont premiers entre eux, on peut se dispenser de pousser plus loin le calcul; car, puisque deux restes consécutifs doivent avoir les mêmes diviseurs communs que les deux nombres proposés, ces deux nombres doivent aussi être premiers entre eux, et le dernier reste auquel on parviendrait en achevant l'opération ne peut être que l'unité.

18. 2me *Remarque.* La quotité des divisions à effectuer pour parvenir au plus grand commun diviseur ne peut surpasser la moitié du plus petit nombre (*); car les restes, en général, diminuent consécutivement au moins de deux unités, puisque, dans le cas où l'on par-

(*) Elle est même beaucoup moindre, pour peu que les nombres proposés soient élevés. En effet, soient A et B ces deux nombres, Q', Q'', Q'''... les quotiens, R', R'' R'''... les restes : nous aurons les égalités

$$A = BQ' + R', B = R'Q'' + R'', R' = R''Q''' + R''', \ldots$$

Or, Q' égale au moins 1 et B est $> R'$; donc en vertu de la première égalité, nous aurons $A > R' \times 1 + R'$ ou $A > 2R'$; nous aurons de même $B > 2R''$, $R' > 2R'''$... C'est-à-dire qu'*un reste quelconque surpasse le double du reste qui le suit de deux rangs.*

Nous tirons de là : $A > 2R' > 4R''' > 8R^{v} \ldots > 2^n R^{(2n-1)}$, en désignant par $R^{(2n-1)}$ un reste quelconque de rang impair. Nous aurons pareillement $B > 2R^{(2n)}$, en désignant par $R^{(2n)}$ un reste quelconque de rang pair.

Cela posé, tout reste < 1 ne peut être que o; donc, puisque l'on a $A > 2^n R^{(2n-1)}$ et $B > 2^n R^{(2n)}$, d'où $R^{(2n-1)} < \frac{A}{2^n}$, $R^{(2n)} < \frac{B}{2^n}$, pour qu'un reste soit nul, il suffit que *n* soit assez grand pour que 2^n surpasse B ou A, selon qu'il est pair ou impair.

Exemple. Soient les nombres 7548 et 997, l'on a 2^{10} ou 1044 > 997; donc le reste sera nul au moins après la vingtième division, qui représente ici la (2 n)ième.

vient à deux restes consécutifs, dont la différence est 1, comme en les divisant l'un par l'autre on obtient pour reste l'unité, l'opération peut être considérée comme finie, les deux nombres proposés étant premiers entre eux.

Autres propriétés du plus grand commun diviseur.

19. *Tout diviseur commun de deux nombres divise leur plus grand commun diviseur.*

En effet, soient A et B, les deux nombres proposés, R, R′, R″,... les restes consécutifs que l'on obtient par l'application du procédé. Les diviseurs communs de A et B sont les mêmes (nº 14, 2º) que ceux de R et R′, de R′ et R″, de R″ et R‴,... et enfin de l'avant-dernier reste et du dernier. Donc tous les diviseurs communs de A et B doivent être des diviseurs du dernier reste.

20. Réciproquement, *tout nombre qui divise le plus grand commun diviseur de deux nombres, divise chacun de ces nombres.* Cette proposition résulte du principe général du nº 7, 3º.

21. *Lorsqu'on multiplie deux nombres par un troisième, on multiplie leur plus grand commun diviseur par ce troisième nombre.*

Nous savons (nº 6, III) que si l'on multiplie les deux termes d'une division par un troisième nombre, le quotient demeure invariable, mais que le reste se trouve multiplié par ce troisième nombre. Donc évidemment, lorsque l'on connaît les restes consécutifs provenant de la recherche du plus grand commun diviseur de deux nombres, pour en déduire ceux que l'on obtiendrait si ces deux nombres étaient multipliés par un troisième, il suffit de multiplier tous ces restes *et par conséquent le dernier* par ce troisième nombre, ce qui démontre la proposition énoncée.

De là résulte un moyen de simplifier la recherche du plus grand commun diviseur de deux nombres, quand on aperçoit dans ces nombres quelque facteur commun: on supprime ce facteur avant l'opération et on le rétablit dans le résultat.

Exemple. Soient les nombres 74800 et 52000, décomposables en 748×100 et 520×100. Pour déterminer leur plus grand commun diviseur, on cherchera celui des nombres 748 et 520, qui est 4; on en conclura que le diviseur demandé est 4×100 ou 400.

22. *Lorsque deux nombres premiers entre eux sont multipliés par un troisième nombre, le plus grand commun diviseur des produits est ce troisième nombre.*

Cette proposition n'est qu'un cas particulier de la précédente.

23. *Deux nombres qui ont été divisés par leur plus grand commun diviseur sont premiers entre eux.*

Car, s'ils avaient encore un diviseur commun, les valeurs primitives seraient divisibles par le produit de ces deux diviseurs (nº 6, V), et par conséquent le premier ne serait pas le plus grand de tous les diviseurs communs.

24. Réciproquement, *si deux nombres, divisés par un troisième, deviennent premiers entre eux, ce troisième nombre est leur plus grand commun diviseur.*

Car, si l'on multiplie les deux nombres premiers entre eux par le troisième, on reproduira les nombres primitifs, lesquels auront (nº 21) pour plus grand commun diviseur ce troisième nombre.

Du plus grand commun diviseur de plusieurs nombres.

25. Soient A, B, C, E,.... L des nombres quelconques. Pour trouver leur plus grand commun diviseur, on peut : *chercher le plus grand commun diviseur* D *entre* A *et* B, *le plus grand commun diviseur* D' *entre* D *et* C, *le plus grand* D'' *entre* D' *et* E, *et ainsi de suite jusqu'à* L, *le dernier sera le diviseur demandé.*

En effet, d'abord tout diviseur commun de A et B divise E (n° 19), et réciproquement tout diviseur de D divise A et B (n° 20); donc tous les diviseurs communs de D et C sont les diviseurs communs de A, B et C; donc ces nombres ont de part et d'autre le même plus grand commun diviseur.

On prouvera pareillement que les deux nombres D' et E ont les mêmes diviseurs communs, et par suite le même plus grand commun diviseur que les trois nombres D, C, E; mais ceux-ci ont le même plus grand commun diviseur que les quatre nombres A, B, C, E, puisque les diviseurs de D sont ceux de A et B; donc les deux nombres D' et G ont le même plus grand commun diviseur que les quatre nombres A, B, C, E.

On continuera facilement cette démonstration jusqu'au nombre L.

Exemple. Soient les trois nombres 9900, 2340, 3876 : on trouvera que le plus grand commun diviseur des deux premiers est 180, que celui de 180 et 3876 est 12 : on conclura que 12 est le plus grand commun diviseur de ces trois nombres.

Le lecteur peut s'exercer sur les exemples ci-dessous :

Nomb. prop.	*Pl. gr. com. div.*	*Nomb. prop.*	*Pl. gr. com. div.*
46376 28452	= 136	1248 35805	= 3
14460 18557	= 241	7392 924	= 924
8177 7920	= 1	151200 39900	= 2100
10395 28215 12870	= 495	4543 6097 17794	= 7
61272 60840 2836 4158	= 18	5733 3465 8192 3780	= 1

§ 3.

THÉORIE DES NOMBRES PREMIERS.

Cette théorie se résume dans l'ensemble des propriétés qui vont être démontrées.

26. *Tout nombre qui n'est pas premier est décomposable en facteurs premiers* (*).

En effet, tout nombre qui n'est pas premier, est décomposable au moins en deux facteurs différens de ce nombre lui-même et de l'unité; mais pareillement, chacun de ces facteurs, s'il n'est pas premier, est lui-même décomposable en deux autres, et l'on conçoit la possibilité de continuer ces décompositions jusqu'à ce que l'on n'obtienne que des facteurs premiers.

(*) On verra plus loin (n° 38) par quel procédé on effectue cette décomposition.

Mais, si cette décomposition est toujours possible, elle ne l'est pour chaque nombre que d'une seule manière, c'est-à-dire *qu'il n'existe qu'un seul système de nombres premiers qui puissent, par leur multiplication, produire un nombre donné.* Cette importante proposition renfermerait, à elle seule, toute la théorie des nombres premiers, si on pouvait l'établir *à priori:* sa démonstration découlera des trois suivantes.

27. *Tout nombre* P *qui divise le produit* AB *de deux nombres, et qui est premier avec l'un d'eux, divise l'autre.*

Supposons, par exemple, que P soit premier avec A, je dis qu'il divise nécessairement B.

En effet, multiplions A et P par B; les produits AB et PB auront B pour plus grand commun diviseur (n° 22). Mais tout nombre qui divise deux nombres, divise leur plus grand commun diviseur (n° 19); or, par hypothèse, P divise AB; il divise aussi PB évidemment : donc, il doit diviser B, ce qu'il fallait démontrer.

Exemple. Le produit 24×15 ou 360 est divisible par 8, car il donne le quotient exact 45 : or, 8 est premier avec 15; on en conclut que 24 doit être divisible par 8.

Remarque. Il n'en serait plus nécessairement ainsi dans le cas où le diviseur du produit ne serait pas premier avec l'un des facteurs. Par exemple, le produit 24×15 ou 360 est divisible par 90, sans que 24 ni 15 le soit. C'est que, comme nous le verrons bientôt, 90 est le produit de facteurs premiers dont les uns se trouvent dans 24 et les autres dans 15.

28. *Un nombre quelconque* P *qui divise un produit*

ABCD *de plusieurs facteurs, ne peut être premier avec tous ces facteurs.*

En effet, le produit ABCD peut être d'abord décomposé en deux facteurs, savoir $A \times BCD$; donc, tout nombre P qui divise ce produit, s'il est premier avec A, doit diviser BCD; mais pareillement, divisant BCD qui est décomposable en $B \times CD$, s'il est premier avec B, il doit diviser CD; enfin, divisant CD, s'il est premier avec C, il doit diviser D; donc, s'il est premier avec trois facteurs, il doit diviser le quatrième; donc il ne peut être premier avec les quatre facteurs.

Ce raisonnement peut s'étendre à un nombre quelconque de facteurs.

29. *Tout nombre premier* P *qui divise le produit* ABCD, *doit diviser au moins l'un des facteurs de ce produit.*

Car, un nombre premier absolu est premier avec tout nombre qu'il ne divise pas; donc (n° précéd.), il ne pourrait diviser le produit, s'il ne divisait au moins l'un de ses facteurs.

Remarque. Il suit de là que tout nombre premier qui divise A^2, A^3, ou toute autre puissance A^m de A, doit diviser A. En d'autres termes, A^m ne contient pas d'autres facteurs premiers que ceux qui entrent dans A.

30. *Tout nombre n'est décomposable qu'en un seul système de facteurs premiers.*

Supposons qu'un même nombre ait été décomposé en deux systèmes différens de facteurs premiers, $abcd\ldots$ et $a'b'c'd'\ldots$; nous aurons :

$$abcd\ldots = a'b'c'd'\ldots$$

Or, cela est impossible : en effet, on peut d'abord admettre que tous les facteurs $a, b, c, d\ldots$ sont différens des facteurs $a',b',c',d',\dots$ puisque, s'il s'en trouvait d'égaux, on pourrait les supprimer de part et d'autre sans troubler l'égalité ci-dessus. Cela posé, divisons les deux produits par a', nous aurons :

$$\frac{abcd\dots}{a'}=b'c'd'\dots;$$

$b'c'd'\dots$ est un nombre entier; donc, il devrait en être ainsi de $\frac{abcd\dots}{a'}$ donc, a' devrait diviser $abcd\dots$; donc (n° 29), a' devrait diviser au moins l'un des facteurs $a,b,c,d,\dots$ et par conséquent devrait être lui-même l'un de ces facteurs, puisqu'ils sont tous premiers; or, cette conséquence est contraire à l'hypothèse; donc, cette hypothèse est inadmissible; donc enfin, le même nombre ne peut être décomposé en deux systèmes différens de facteurs premiers.

Exemple. Le nombre 2520 ayant pu, par un procédé quelconque, être décomposé en $2\times2\times2\times3\times3\times5\times7$, on est certain qu'aucun produit de facteurs premiers différens de 2, 3, 5, 7 ne peut être égal à 2520, et en outre, qu'il n'existe que la seule combinaison de ces facteurs premiers dans laquelle le facteur 2 est pris trois fois, le facteur 3 deux fois et chacun des autres une fois, qui puisse produire le même nombre.

Remarque. Le produit ci-dessus peut s'écrire sous la forme $2^3\times3^2\times5\times7$. En généralisant cette considération, nous énoncerons ainsi la propriété ci-dessus : *Deux produits de facteurs premiers ne peuvent être égaux qu'autant que ces facteurs sont les mêmes et élevés à des puissances respectivement égales.*

Nous énoncerons, d'une manière analogue, les propriétés suivantes :

31. *Le produit de deux nombres se compose des fac-*

teurs premiers qui se trouvent tant dans l'un que dans l'autre ; et s'il s'en trouve de communs, ils entrent dans le produit à des puissances marquées par les sommes des exposans respectifs.

Cela résulte des principes généraux de la multiplication, principes qui sont applicables à des facteurs de nature quelconque.

Exemples : Le nombre 360 ou $3^2 \times 2^3 \times 5$ multiplié par le nombre 1617 ou $7^2 \times 11 \times 13$, donne pour produit : $3^2 \times 2^3 \times 5 \times 7^2 \times 11 \times 13$ ou 592120.

Le nombre 4680 ou $3^2 \times 5 \times 2^3 \times 13$ multiplié par le nombre 14175 ou $3^4 \times 5^2 \times 7$ donne $3^2 \times 5 \times 2^3 \times 13 \times 3^4 \times 5^2 \times 7$ ou bien $3^6 \times 5^3 \times 2^3 \times 13 \times 7$.

32. *Deux nombres ne sont divisibles l'un par l'autre qu'autant que le dividende contient tous les facteurs premiers du diviseur, et les facteurs communs à des puissances au moins égales. Cette condition remplie, le quotient se compose de tous les facteurs du dividende que ne contient pas le diviseur et des facteurs communs élevés à des puissances marquées par la différence des exposans respectifs.*

Cette propriété découle de la précédente : il est clair en effet, relativement à la condition de divisibilité, que si le diviseur contenait des facteurs étrangers au dividende, ou des facteurs communs, mais à des puissances supérieures, ces facteurs se retrouveraient dans le produit du diviseur par tout quotient entier, et par conséquent ce produit ne pourrait être égal au dividende.

Mais, si cette condition est remplie, le quotient formé suivant la loi énoncée et multiplié par le diviseur devra manifestement reproduire le dividende.

Exemples : Le nombre $3^7 \times 5^3 \times 2^2 \times 13 \times 7$ divisé par le nombre $3^4 \times 5^2 \times 7$ donne le quotient $3^2 \times 5 \times 13$.

Le nombre $3^8 \times 5^2 \times 2^3 \times 11 \times 13$ n'est pas divisible par $3^5 \times 5^3 \times 11^2$, non plus que par $3^4 \times 5^2 \times 2 \times 7 \times 19$.

33. *Tout nombre divisible séparément par plusieurs nombres premiers entre eux est divisible par leur produit.*

En effet, si un nombre A est divisible séparément par B, par C, par D,... il renferme tous les facteurs premiers de A, tous ceux de B, tous ceux de D,... et, par conséquent, si tous les nombres B, C, D,... n'ont aucun facteur commun, il renferme tous les facteurs premiers qui entrent dans ces nombres. Donc, il est divisible par leur produit.

Exemples : Tout nombre divisible séparément par 8 et par 9 est divisible par 72 ; tout nombre divisible par 2, par 5 et par 9 est divisible par 90.

Mais tout nombre divisible par 4 et par 6 n'est pas nécessairement divisible par 24, parce que 4 et 6 ne sont pas premiers entre eux (*).

34. *Deux nombres qui, étant décomposés en facteurs premiers, n'en ont pas de communs, sont premiers entre eux.*

Car, s'ils étaient divisibles par un troisième nombre, ils contiendraient l'un et l'autre ses facteurs premiers.

(*) On doit se garder de confondre des divisions *séparées*, comme celles que nous considérons, avec des divisions *successives*, c'est-à-dire telles que chacune d'elles soit effectuée sur le quotient de la précédente. Il résulte en effet du principe général du n° 6, V, qu'*un nombre divisible* SUCCESSIVEMENT *par plusieurs autres est toujours divisible par leur produit, que ces nombres soient premiers ou non.*

35. *Le plus grand commun diviseur de deux ou plusieurs nombres se compose de tous les facteurs premiers qui leur sont communs, réduits à leurs plus faibles puissances dans ces divers nombres.*

En effet, tout diviseur commun de deux nombres ne peut être qu'une certaine combinaison de facteurs premiers communs à ces nombres : or, le nombre formé d'après la loi énoncée est dans ce cas ; en outre, il est évidemment tel qu'il ne peut recevoir un facteur de plus sans cesser de diviser au moins un des nombres proposés; donc il est leur plus grand commun diviseur.

Exemple : Soient les deux nombres 28066500 ou $3^6 \times 5^3 \times 2^2 \times 7 \times 11$ et 864500 ou $3^2 \times 5^4 \times 2^3 \times 7 \times 13 \times 19$; leur plus grand commun diviseur sera $3^2 \times 5^3 \times 2^2 \times 7$ ou 31500, comme il est facile de le vérifier par la méthode du n° 16.

Celui des trois nombres 992250 ou $2 \times 3^4 \times 5^3 \times 7^2$, 7779240 ou $2^3 \times 3^4 \times 5 \times 7^4$ et 2083725 ou $3^5 \times 5^2 \times 7^3$, sera $3^4 \times 5 \times 7^2$ ou 19845.

Remarque. Quand nous aurons vu le procédé de la décomposition d'un nombre en facteurs premiers, nous pourrons appliquer cette propriété ainsi que la suivante.

36. *Le plus petit multiple de divers nombres entiers se compose de tous les facteurs premiers différens qui entrent dans ces nombres, et en outre de tous les facteurs premiers communs à deux ou plusieurs de ces nombres, élevés respectivement à leurs plus hautes puissances.*

En effet, un multiple quelconque de plusieurs nombres doit contenir tous les facteurs premiers qui entrent dans ces nombres : or, le nombre formé suivant la loi énoncée est dans ce cas; en outre, il est évidemment tel qu'il ne peut perdre un seul de ses facteurs sans cesser d'être divisible, au moins par l'un des nombres considérés; donc il est leur plus petit multiple.

Exemple : Soient les nombres 64170 ou $2\times3^2\times5\times23\times31$, 12936 ou $2^3\times3\times7^2\times11$ et 4950 ou $2\times3^2\times5^2\times11$; leur plus petit multiple sera $2^3\times3^3\times5^2\times7^2\times11\times23\times31$ ou 2075257800.

Il suit de cette propriété que, si les nombres proposés sont premiers entre eux, leur plus petit multiple est égal à leur produit.

Construction d'une table de nombres premiers.

37. Il importe dans beaucoup de circonstances de reconnaître si un nombre proposé est premier (*). Par exemple, on évite la recherche du plus grand commun diviseur de deux nombres dès que l'on découvre que l'un d'eux est premier; on obtient immédiatement leur plus petit multiple en les multipliant entre eux,

(*) On n'a pas encore trouvé une formule qui renferme tous les nombres premiers, ni des caractères par lesquels on puisse découvrir *à priori* qu'un nombre proposé est premier. On sait à la vérité que tout nombre premier est égal à un multiple de 6, augmenté ou diminué d'une unité. En effet, tout nombre qui, divisé par 6, donne le reste 2 ou le reste 4, est divisible par 2; et il est divisible par 3 s'il donne le reste 3 : les nombres qui donnent le reste 1 ou le reste 5 dans cette division, sont donc les seuls qui puissent être premiers.

Les nombres premiers doivent évidemment devenir de plus en plus rares à mesure qu'on s'élève dans la suite naturelle des nombres. Cependant, leur nombre ne saurait être limité : car, si N désigne un nombre premier quelconque, le nombre

$$2\times3\times5\ldots\times N+1$$

dont la première partie contient tous les facteurs premiers jusqu'à N, est aussi un nombre premier, puisque, divisé par l'un quelconque de ces facteurs, il donne toujours le reste 1.

lorsqu'on a reconnu qu'ils sont tous premiers. On conçoit en conséquence l'utilité d'une table de nombres premiers. Le lecteur en trouvera une à la fin du volume, comprenant tous ceux de ces nombres qui sont au-dessous de 100,000. La construction d'une telle table est d'ailleurs très simple dans sa théorie : on forme d'abord la suite naturelle des nombres jusqu'à la limite convenue, puis on y supprime tous les multiples de 2, excepté 2, tous les multiples de 3, excepté 3, tous ceux de 5, excepté 5, etc. Les nombres restans sont seuls premiers. Ce procédé revient d'ailleurs à supprimer tous les nombres de 2 en 2 rangs, de 3 en 3 rangs, etc., excepté celui qui commence chaque série.

Procédé de la décomposition d'un nombre en facteurs premiers; recherche de tous ses diviseurs.

38. Soient A un nombre quelconque proposé, p le plus petit nombre premier qui le divise (le nombre p se détermine par des essais successifs, ou d'après les caractères connus de divisibilité), et supposons que la division ait lieu n fois de suite; le nombre A sera divisible par p^n, et si A' désigne le quotient, l'on aura $A = p^n A'$.

Soient de même q le plus petit nombre premier qui divise A', n' le nombre de fois que cette division a lieu, A'' le dernier quotient; l'on aura $A' = q^{n'} A''$, et par suite $A = p^n q^{n'} A''$.

Soient encore r le plus petit nombre premier qui divise A'', n'' le nombre de fois que cette division est possible, A''' le dernier quotient : on aura $A'' = r^{n''} A'''$, et par suite $A = p^n q^{n'} r^{n''} A'''$.

Or, si l'on continue cette série d'opérations, on parviendra tôt ou tard à un quotient nombre premier : ce quotient sera le dernier des facteurs cherchés, et dès qu'on l'aura trouvé, la décomposition du nombre proposé sera complète. On en verra bientôt un exemple.

Ce procédé se simplifie dans le cas où le nombre peut être décomposé de prime-abord en deux ou plusieurs facteurs, parce qu'il suffit alors d'opérer séparément sur chaque facteur.

39. On se propose quelquefois de trouver *tous les diviseurs* d'un nombre : on y parvient en déterminant d'abord les diviseurs premiers, et combinant ensuite ceux-ci entre eux de toutes les manières possibles. Afin de n'omettre aucune combinaison ; voici comment on peut procéder :

Soit à trouver tous les diviseurs du nombre 5544.

5544	1.
2772	2.
1386	2, 4.
693	2, 8.
231	3, 6, 12, 24.
77	3, 9, 18, 36, 72.
11	7, 14, 28, 56, 21, 42, 84, 168, 63, 126, 252, 504.
1	11, 22, 44, 88, 33, 66, 132, 264, 99, 198, 396, 792, 77, 154, 308, 616, 231, 462, 924, 1848, 693, 1386, 2772, 5544.

Ayant tracé une ligne verticale, on écrit à droite de cette ligne et en suivant sa longueur, les diviseurs premiers à mesure qu'on les obtient, et à gauche les quotiens successifs qui leur correspondent. Les diviseurs composés feront suite aux précédens en lignes horizontales.

L'unité étant le plus simple de tous les diviseurs entiers, on l'écrira en tête de la colonne de ces diviseurs :

le quotient correspondant est le nombre proposé qu'on écrit à gauche.

On trouve ensuite que ce nombre est divisible trois fois de suite par 2, deux fois par 3, une fois par 7 et une fois par 11; il s'ensuit que l'on a d'abord, pour sa décomposition en facteurs premiers :

$5544 = 2 \times 2 \times 2 \times 3 \times 3 \times 7 \times 11 = 2^3 \times 3^2 \times 7 \times 11.$

Pour obtenir les diviseurs composés, on multiplie le second des diviseurs premiers (celui qui est au-dessous de l'unité) par le troisième, et on écrit le produit à la droite du troisième; on multiplie le second, le troisième et le produit précédent par le quatrième, et ainsi de suite; mais on a soin de ne pas répéter les mêmes produits. Le procédé consiste donc à *multiplier par chaque diviseur premier tous les diviseurs qui composent les lignes horizontales obtenues, en évitant de répéter les mêmes produits* : on en reconnaîtra l'application dans le tableau ci-dessus.

Ce procédé donne tous les diviseurs du nombre proposé : dans notre exemple, en effet, les trois premières lignes contiennent évidemment tous les diviseurs de 2^2; les quatre premières tous ceux de 2^3; les cinq premières tous ceux de $2^3 \times 3$, etc. : donc, l'ensemble de toutes ces lignes contient tous les diviseurs de $2^3 \times 3^2 \times 7 \times 11$ ou du nombre 5544.

40. *Première remarque.* Dès qu'un nombre est décomposé en facteurs premiers, on peut déterminer la quotité de tous ses diviseurs. En effet, supposons qu'on ait obtenu $A = p^n q^{n'} r^{n''} s^{n'''}$: Les diviseurs cherchés peuvent s'obtenir, en effectuant le produit ci-dessous $(1 + p + p^2 \ldots + p^n) \times (1 + q + q^2 \ldots + q^{n'}) \times (1 + r + r^2 \ldots + r^{n''}) \times (1 + s + s^2 \ldots + s^{n'''})$.

car, d'après un principe connu de la multiplication, pour effectuer ce produit, il faut multiplier toutes les parties du premier facteur par chacune des parties du second, toutes les parties du produit obtenu par chacune des parties du troisième facteur, et toutes les parties du nouveau produit par chacune de celles du quatrième. Or, il est visible que les parties constituantes du dernier produit seront précisément toutes les combinaisons qu'il est possible de former avec les facteurs premiers p, q, r, s et celles de leurs puissances dont les degrés n'excèdent pas n, n', n'', n'''.

Mais le premier facteur contient $(n+1)$ parties, et le second en contient $(n'+1)$; donc, leur produit contiendra $(n'+1)$ fois $(n+1)$ parties, c'est-à-dire un nombre de parties égal à $(n+1)\times(n'+1)$. Par la même raison, le produit suivant en contiendra $(n+1)\times(n'+1)\times(n''+1)$ et le produit total $(n+1)\times(n'+1)\times(n''+1)\times(n'''+1)$: ce dernier nombre exprimera donc la quotité des diviseurs du nombre proposé. Ainsi, *pour connaître la quotité des diviseurs d'un nombre, il faut, après l'avoir décomposé en facteurs premiers, augmenter d'une unité l'exposant de la puissance de chacun de ces facteurs, et multiplier les exposans ainsi augmentés les uns par les autres.*

Les facteurs qui n'entreraient qu'au premier degré, doivent être considérés comme ayant l'exposant 1.

Nous trouverons, en conséquence, que la quotité des diviseurs du nombre 5544 ou $2^3\times3^2\times7\times11$ doit être $(3+1)\times(2+1)\times(1+1)\times(1+1)=4\times3\times2\times2=48$.

Si l'on compte tous ceux que nous avons obtenus pour ce nombre, on en trouve effectivement 48.

41. *Deuxième remarque.* Lorsque, dans la recherche des diviseurs simples d'un nombre, on est parvenu

jusqu'à sa *racine carrée* (*) sans en trouver, on peut affirmer qu'il est premier : car ce nombre peut être considéré comme le produit de sa racine carrée multipliée par elle-même ; donc, s'il était le produit de deux autres facteurs, il faudrait évidemment que l'un d'eux fût plus grand et l'autre plus petit que cette racine ; donc, tout nombre qui n'a pas de diviseur plus petit que sa racine carrée n'en a pas non plus de plus grand, c'est-à-dire qu'il est premier.

Le lecteur peut s'exercer sur les nombres ci-dessous :

Nomb. prop.		*Décomp. en fact. prem.*	*Quotité des divis.*
28350	=	$2\times3^4\times5^2\times7$	(60 diviseurs.)
331500	=	$2^2\times3\times5^3\times13\times17$	(96 diviseurs.)
21562200	=	$2^3\times3^4\times5^2\times11^2$	(180 diviseurs.)
1702347	=	$3\times7^2\times11^2\times19\times23$	(72 diviseurs.)
2925104	=	$2^4\times9^3\times13\times41$	(80 diviseurs.)
531041	=	3^{12}	(13 diviseurs.)

§ 4.

PROPRIÉTÉS DU PLUS PETIT MULTIPLE.

42. Nous avons déjà vu (n° 36) quelle est la composition du plus petit multiple de nombres quelconques en facteurs premiers. Nous allons démontrer de nouvelles propriétés analogues à celles du plus grand commun diviseur, et qui nous fourniront pour le calcul du plus

(*) On appelle ainsi un second nombre qui, multiplié par lui-même, reproduit le nombre proposé. 7, par exemple, est la racine carrée de 49 ; 8 est celle de 64 ; celle de 53 est comprise entre 7 et 8.

petit multiple une méthode indépendante de toute décomposition en facteurs premiers (*).

43. *Le plus petit multiple de deux nombres, divisé par chacun d'eux, donne des quotiens premiers entre eux.*

Car, si les quotiens avaient un facteur commun, on pourrait le supprimer dans le dividende sans qu'il cessât d'être divisible par chaque diviseur. Ce dividende ne serait donc pas le plus petit multiple des nombres proposés.

44. Réciproquement, *si un nombre, divisé séparément par deux autres, donne des quotiens entiers et premiers entre eux, il est le plus petit multiple de ces deux autres.*

Car, d'après la proposition du n° 32, si le dividende n'était pas le plus petit multiple des deux autres nombres, étant divisible par chacun d'eux, il serait égal au produit de ce plus petit multiple par un certain facteur : mais alors les deux quotiens contiendraient aussi ce facteur et ne pourraient être premiers entre eux.

45. *Le plus petit multiple de deux nombres est égal au produit de ces nombres divisé par leur plus grand commun diviseur.*

Soient en effet A et B ces deux nombres, D leur plus grand commun diviseur, A′ et B′ les quotiens de A et B

(*) Quelque remarquables qu'elles soient sous ce double rapport, je ne les ai vues mentionnées dans aucun des traités existans, où l'on indique à peine la recherche du plus petit multiple par la méthode des décompositions. Il m'eût été facile d'en donner un plus grand nombre, mais je me suis borné à celles qui m'ont paru les plus essentielles.

par D. On aura $A = A'D$, $B = B'D$, d'où $AB = A'B'D^2$; $\frac{AB}{D} = A'B'D$; or $A'B'D$, divisé séparément par A et par B, ou par leurs valeurs $A'D$ et $B'D$, donne pour quotiens les nombres entiers A' et B' premiers entre eux; donc (nº précéd.) $A'B'D$ ou $\frac{AB}{D}$ est le plus petit multiple des deux nombres A et B.

Au reste, si l'on compare avec attention la composition en facteurs premiers du plus grand commun diviseur avec celle du plus petit multiple, on reconnaîtra que les facteurs qui manquent au plus petit multiple pour égaler le produit des deux nombres, sont précisément ceux qui composent le plus grand commun diviseur.

Exemple. Soient les nombres 6068 et 1702 : leur plus grand commun diviseur, qu'on peut calculer par le procédé du nº 16, est 74, et leur produit est 10327736; ce produit divisé par 74 donne le quotient 139564 : il s'ensuit que 139564 est le plus petit multiple de ces deux nombres.

46. *Remarque.* Il est évident par ce qui précède que dans la recherche du plus petit multiple aussi bien que dans celle du plus grand commun diviseur, on peut supprimer tout facteur commun aux deux nombres proposés, pourvu qu'on le restitue au résultat; car l'on pourrait établir sous forme de principe général que, *si l'on multiplie deux nombres par un troisième, on multiplie leur plus petit multiple par ce troisième nombre.*

C'est ainsi que le plus petit multiple des deux nombres ci-dessus ayant été trouvé égal à 139564, on aurait 13956400 pour celui des nombres 606800 et 170200.

47. *Le plus petit multiple de divers nombres* A, B,

G, D, ... L, *peut s'obtenir en cherchant le plus petit multiple M, de A et B, le plus petit multiple M' de M et C et ainsi de suite jusqu'à L, le dernier étant celui de tous ces nombres.*

En effet, M' contiendra tous les facteurs premiers différens contenus dans M et C, et les facteurs communs à leurs plus hautes puissances dans ces deux nombres (n° 36); mais M se compose de la même manière à l'égard de A et B: donc évidemment, M' contiendra tous les facteurs premiers différens contenus dans les trois nombres A, B, C, et les facteurs qui entrent au moins dans deux de ces nombres, à leurs plus hautes puissances respectives; donc M'' est le plus petit multiple de ces trois nombres.

Par la même raison, M'' est le plus petit multiple des quatre nombres A, B, C, D, et ainsi de suite.

Exemple. Soient les nombres 546, 840, 1764, 2475. On trouve que le plus petit multiple des deux premiers est 11920; que celui de 11920 et 1764 est 250320, et que celui de 250320 et 2475 est 13767600. Nous en conclurons que le plus petit multiple des quatre nombres propres est 13767600.

Le lecteur peut vérifier les exemples suivans :

Nombres proposés.		*Plus petit multiple.*
47150 203205	=	83314050
1365 1734 8100	=	2224855000

Nombres proposés.		*Plus petit multiple.*
7176 3549 29601	=	21549528
168 810 17556 13230	=	12960280

§ 5.

APPLICATIONS DIVERSES.

Résumé et comparaison des méthodes à suivre pour la recherche du plus grand commun diviseur ou du plus petit multiple.

48. La propriété du n° 35 nous fournit une nouvelle méthode pour la recherche du plus grand commun diviseur ; elle consiste à décomposer les nombres en facteurs premiers, et à prendre chaque facteur commun à sa plus faible puissance. La méthode primitive est plus directe, mais la seconde est préférable quand les nombres sont peu élevés et qu'on peut opérer facilement leur décomposition, ce qui arrive presque toujours dans les applications.

Les propriétés des n° 36 et 45 engendrent deux méthodes correspondantes pour le calcul du petit plus multiple. Par celle du n° 45 (*), on obtient le plus petit multiple

(*) Cette méthode s'appliquerait avec succès à des *polynômes algébriques.*

de deux nombres en divisant leur produit par leur plus grand commun diviseur; on obtient ensuite celui d'autant de nombres que l'on veut en combinant successivement chacun de ces nombres avec le plus petit multiple de ceux qui le precèdent (n° 47). L'autre méthode consiste à décomposer les nombres en facteurs premiers, et à prendre tous les facteurs différens et chaque facteur commun à sa plus haute puissance.

Le lecteur peut s'exercer à traiter par les méthodes de décompositions les exemples des n°s 25 et 47.

Méthode abrégée pour la réduction des fractions au même dénominateur.

49. Cette méthode dépend de la formation du plus petit multiple des dénominateurs, et consiste à *multiplier les deux termes de chaque fraction par les facteurs qui manquent à son dénominateur pour égaler ce multiple.* On doit généralement préférer ici la méthode des décompositions.

Exemple. Soient les fractions $\frac{43}{165}$, $\frac{31}{44}$, $\frac{4}{9}$, $\frac{5}{8}$; la décomposition des dénominateurs donne :

$$\frac{43}{3\times5\times11},\quad \frac{31}{2^2\times11},\quad \frac{4}{3^2},\quad \frac{5}{2^3}.$$

Le plus petit multiple des dénominateurs est $3^2\times2^3\times5\times11$ ou 3960 : pour l'obtenir en dénominateur commun, on multipliera respectivement par $2^3\times3$, $2\times5\times3^2$, $2^3\times5\times11$, $3^2\times5\times11$; on trouvera :

$$\frac{1032}{3960},\quad \frac{2790}{3960},\quad \frac{1760}{3960},\quad \frac{2475}{3960}.$$

Dans le cas où les dénominateurs seraient tous premiers entre eux, cette méthode de réduction, loin d'être abrégée, deviendrait beaucoup plus longue que la méthode ordinaire, et conduirait d'ailleurs au même résultat.

On trouvera pareillement :

$$\frac{1}{7},\ \frac{5}{18},\ \frac{2}{9},\ \frac{3}{4},\ \frac{17}{14},=\frac{36}{252},\ \frac{70}{252},\ \frac{56}{252},\ \frac{189}{252},\ \frac{306}{252}.$$

$$\frac{19}{32},\ \frac{143}{220},\ \frac{192}{675},\ \frac{59}{88},=\frac{51300}{59400},\ \frac{38610}{59400},\ \frac{16896}{59400},\ \frac{39545}{59400}.$$

Méthode générale pour la simplification des fractions.

50. Cette méthode est fondée sur les deux principes suivans :

1° *Toute fraction dont les deux termes sont premiers entre eux est irréductible, c'est-à-dire réduite à sa plus simple expression.*

Pour le démontrer, soit $\frac{A}{B}$ une fraction quelconque dans laquelle A est premier avec B, et supposons qu'elle soit égale à une fraction $\frac{C}{D}$. De l'égalité $\frac{A}{B}=\frac{C}{D}$ nous tirons $C=\frac{AD}{B}$, d'où il suit que AD doit être divisible par B, puisque C est un nombre entier ; mais A est premier avec B, donc D doit être divisible par B (n° 27), et si l'on désigne par Q le quotient, on aura $D=BQ$: cette valeur de D, substituée dans l'égalité $C=\frac{AD}{B}$, donne $C=\frac{ABQ}{B}=AQ$. Or, les valeurs $C=AQ$, $D=BQ$, prouvent que C et D sont plus grands que A et B ; donc la fraction $\frac{A}{B}$ est plus simple que toute autre $\frac{C}{D}$ qui lui est égale, c'est-à-dire qu'elle est *irréductible ;* mais on voit en outre qu'elle ne peut être égale à une autre, *qu'autant que les deux ter-*

mes de celle-ci sont des produits par un même facteur des deux termes de la première.

2° *Deux nombres sont premiers entre eux lorsqu'ils ont été divisés par leur plus grand commun diviseur.* Ce principe a été démontré (n° 23).

De l'ensemble de ces deux principes, résulte manifestement ce procédé général. *Pour réduire immédiatement une fraction à son expression la plus simple, diviser ses deux termes par leur plus grand commun diviseur, calculé préalablement.*

En l'appliquant, on trouvera :

$$\frac{162}{918}, = \frac{3}{17}, \quad \frac{3441}{1674}, = \frac{37}{18}, \quad \frac{468}{6552}, = \frac{1}{14}.$$

51. *Remarque.* D'après la remarque du n. 29, si A et B sont des nombres premiers entre eux, il en est ainsi des puissances quelconques A^m et B^m. *Donc, en vertu du principe démontré ci-dessus, si $\frac{A}{B}$ est une fraction irréductible, toute puissance $\frac{A^m}{B^m}$ de cette fraction est également une fraction irréductible.*

Preuves dites PAR 9 *de la multiplication et de la division ; preuves* PAR DIVERS AUTRES NOMBRES.

52. La théorie de la divisibilité donne naissance à des moyens très simples de vérifier le calcul d'une multiplication ou d'une division ; ils consistent dans l'application de ce principe.

Si deux nombres A *et* B *divisés par* C *donnent les restes* R *et* R', *leur produit* AB *divisé par* C *donnera le même reste que donnerait le produit* RR'.

Pour le démontrer, soient Q et Q′ les quotiens de A et B par C ; nous aurons :

$$A = CQ + R,$$
$$B = CQ' + R' ;$$

Multipliant la valeur de A par la valeur de B, nous en déduisons :

$$AB = CCQQ' + RCQ' + CQR' + RR'.$$

Or, les trois produits partiels CCQQ′, RCQ′, CQR′ sont des multiples de C ; donc, si l'on divise cette valeur de AB par C, le reste que l'on obtiendra dépendra uniquement de la division de RR′.

Cette condition, à laquelle doit satisfaire le produit de deux nombres, constitue la *preuve par* 9 de leur multiplication, si l'on suppose que C soit le nombre 9 : Mais ce serait aussi bien la preuve par 7, par 11,... si l'on attribuait à C l'une ou l'autre de ces valeurs (Voyez toutefois la *remarque* ci-après). On donne la préférence au nombre 9, en raison de la facilité avec laquelle on détermine alors les restes des divisions (n° 12)

7	5
2	5

Exemple. Soit à vérifier le produit 937564×2153 qu'on suppose égal à 2018575292. Nous trouvons que le premier facteur divisé par 9 donne le reste 7, le second le reste 2 ; le produit 14 de ces deux restes donne lui-même le reste 5 : donc, si le produit supposé est exact, il faut que, divisé par 9, il donne aussi le reste 5 : c'est ce qui a lieu en effet.

On dispose ordinairement les restes en croix comme ci-dessus. Faisons la preuve du même produit par 7 : En prenant le *septième* du premier et du second facteur, nous trouvons les restes 5 et 4 dont le produit 20 donne le reste 6; or, en prenant le septième du produit à vérifier, on trouve aussi le reste 6.

5	6
4	6

La preuve de la division se ramène à celle de la multiplication, puisqu'il suffit de considérer le dividende, diminué préalablement du reste, comme le produit du diviseur par le quotient.

52. *Remarque.* On ne doit employer ces moyens de vérification qu'avec réserve, et en considérant que l'erreur du résultat leur échappe entièrement, lorsqu'elle est égale à un multiple du nombre pris pour diviseur. Ainsi, la preuve par 9 n'indiquerait pas une erreur qui serait égale à 9, à 18, à 27, etc.; mais si, après avoir fait la preuve par 9, on la fait par 7, l'erreur ne pourra échapper qu'autant qu'elle sera égale au produit $9 \times 7 = 63$, ou à un multiple de ce produit.

Tout nombre ne doit pas être pris indistinctement pour diviseur : par exemple, on ne doit pas chercher à faire la preuve par 10, puisque le reste de chaque division ne dépendrait que du dernier chiffre : pour des raisons analogues, on ne la fera pas par 5, par 2, par 4, par 8, etc. On évitera d'employer le nombre 12, parce qu'étant égal à 3×4, il n'indiquerait pas une erreur d'un multiple de 3 sur les chiffres qui précèdent les deux derniers. Mais on peut très bien employer les nombres 7, 9, 13, 17, etc.

Conditions de périodicité dans le développement décimal d'une fraction ordinaire.

54. Le développement d'une fraction ordinaire en décimale peut conduire, soit à une fraction limitée, soit à une fraction illimitée, périodique simple, ou périodique mixte. Or, si la proposée est réduite à sa plus simple expression, ainsi que nous le supposerons, la discussion de ces trois cas dépend uniquement de la composition du dénominateur en facteurs premiers. C'est ce qui va être exposé.

55. *Toute fraction ordinaire dont le dénominateur ne contient pas d'autres facteurs premiers que 2 et 5, engendre une fraction décimale limitée, et le nombre des chiffres décimaux est marqué par le plus haut des deux exposans de 2 et 5 dans le dénominateur.*

En effet, pour développer la fraction $\frac{A}{B}$ et obtenir m chiffres décimaux, on doit diviser par B le produit $A \times 10^m$, calculer le quotient à moins d'une unité près, et séparer ensuite sur sa droite, par une virgule, les m derniers chiffres; mais si l'on veut en outre, qu'alors le résultat représente *exactement* la valeur de $\frac{A}{B}$, il faut que le reste de la division soit nul, c'est-à-dire que $A \times 10^m$ soit divisible par B, et cette dernière condition exige que $A \times 10^m$ contienne tous les facteurs premiers de B.

Or, 10^m n'est autre chose que $2^m \times 5^m$; par hypothèse, B ne renferme pas d'autres facteurs premiers que 2 et 5, et A est premier avec B. Donc, pour satisfaire à la condition de divisibilité, il est nécessaire et il suffit que m soit le plus haut des exposans des facteurs 2 et 5 dans B.

Exemple. La fraction $\frac{23}{40}$ développée en décimale donnera *trois* chiffres décimaux, parce que le dénominateur 40 est égal à $2^3 \times 5$.

$\frac{379}{2500} = \frac{379}{2^2 \times 5^4}$ en donnera *quatre* ;

$\frac{287}{320} = \frac{287}{2^6 \times 5}$ en donnera *six* ;

$\frac{99}{128} = \frac{99}{2^7}$ en donnera *sept*.

56. *Toute fraction ordinaire dont le dénominateur renferme d'autres facteurs premiers que* 2 *et* 5, *engendre une fraction décimale périodique.*

Car, la multiplication par 10^m ne pouvant introduire d'autres facteurs premiers que 2 et 5, $A \times 10^m$ ne peut être divisible par B, quelque grand que soit *m*, si B contient d'autres facteurs premiers que 2 et 5.

57. *Toute fraction ordinaire dont le dénominateur ne contient aucun des facteurs premiers* 2 *et* 5, *engendre une fraction décimale périodique simple.*

La fraction décimale sera nécessairement (n° précéd.) périodique mixte ou périodique simple. Or, je dis qu'elle ne peut être périodique mixte.

En effet, pour convertir réciproquement une fraction décimale périodique mixte en fraction ordinaire, on peut employer la formule

$$x = \frac{pqr\ldots abc\ldots - pqr}{999\ldots \times 1000\ldots}$$

dans laquelle *pqr*... et *abc*... désignent la suite des chiffres de la partie non périodique et de la période, 999... un nombre formé d'autant de 9 qu'il y a de chiffres périodiques, 1000... l'unité suivie d'autant de zéros qu'il y a de chiffres non périodiques : x désigne la valeur de la fraction proposée. Cela posé, le dernier chiffre de la partie non périodique est différent du dernier chiffre de la période ; car autrement, on pourrait faire commencer la période avant le chiffre a, ce que nous ne supposerons pas. Donc, le numérateur d'une expression de cette forme ne pourra être terminé par un zéro ou contenir le facteur 10; donc, quelles que soient les simplifications qu'on lui fasse subir, son dénominateur contiendra toujours au moins l'un des deux facteurs 2^m et 5^m; donc, elle ne pourra être égale à aucune fraction irréductible dont le dénominateur ne contient en facteur ni 2, ni 5; donc, réciproquement, une telle fraction irréductible ne peut donner naissance à une fraction décimale périodique mixte.

58. *Toute fraction ordinaire, dont le dénominateur contient les facteurs 2 et 5 ou l'un d'eux combinés avec d'autres facteurs, engendre une fraction décimale périodique mixte ; et le nombre des chiffres de la partie non périodique est marqué par le plus haut des exposans de 2 et 5.*

D'abord la fraction décimale ne pourra être périodique simple; car, pour convertir réciproquement une fraction décimale périodique simple en fraction ordinaire, on peut employer la formule

$$x=\frac{abc\ldots}{999\ldots}$$

dans laquelle le dénominateur ne contient ni 2, ni 5.

De plus, si l'on désigne par m le plus haut des exposans de 2 et 5 dans le proposé, je dis qu'il y aura précisément m chiffres non périodiques. Car, s'il y en avait un nombre quelconque n différens de m, il résulte de la démonstration précédente que la fraction décimale aurait pour équivalente une fraction ordinaire dont le dénominateur renfermerait toujours au moins un des deux facteurs 2^n et 5^n : or, celle-ci ne pourrait se réduire à la proposée.

Ainsi, par exemple :

$\frac{79}{88} = \frac{79}{2^3 \times 11}$ donnera *trois* chiffres non périodiques

$\frac{69}{175} = \frac{69}{5^2 \times 7}$ en donnera *deux*,

$\frac{697}{2400} = \frac{697}{2^5 \times 5^2 \times 3}$ en donnera *cinq*,

$\frac{275}{189} = \frac{275}{3^3 \times 7}$ donnera une fraction périod. simple.

59. *Remarque*. Une propriété assez curieuse découle de la formule du n° 58 : c'est que, *tout nombre qui ne renferme aucun des facteurs* 2 *et* 5 *doit diviser un nombre de la forme* 999..., *composé tout au plus d'autant de* 9 *moins un qu'il y a d'unités dans le nombre proposé*. En effet, le nombre proposé peut toujours être considéré comme le dénominateur d'une fraction irréductible. Si l'on convertit cette fraction en décimale, on obtiendra un développement périodique simple, qui contiendra tout au plus dans sa période autant de chiffres, moins un, qu'il y a d'unités dans ce nombre. Or, l'application de la formule à ce développement donnera une fraction à deux termes, dont le dénominateur sera de la forme ci-dessus, et qui devra être égale à la proposée. La propriété énoncée s'ensuit nécessairement.

§ 6.

DU PLUS GRAND COMMUN DIVISEUR ET DU PLUS PETIT MULTIPLE DE NOMBRES FRACTIONNAIRES (*).

60. Tout diviseur d'un nombre fractionnaire est lui-même fractionnaire : car autrement, multiplier par le quotient qui doit être un nombre entier, il ne pourrait produire qu'un autre nombre entier. Il y a donc ici nécessité d'admettre des diviseurs fractionnaires. Les multiples pourront être entiers ou fractionnaires.

Nous supposerons les nombres proposés ramenés à la forme de fractions à deux termes irréductibles, ce qui est toujours possible. En conséquence, pour déterminer leur plus grand commun diviseur ou leur plus petit multiple, on pourrait, et c'est le moyen qui s'offre le plus naturellement, réduire ces fractions au même dénominateur; opérer sur les numérateurs d'après les règles établies à l'égard des nombres entiers et donner au résultat le dénominateur commun, cette méthode est légitime en effet, et il nous serait facile de la démontrer. Mais les propositions suivantes fournissent des procédés plus élégans et plus expéditifs.

(*) Aucun auteur ne s'est encore occupé des diviseurs ou des multiples de nombres fractionnaires. Les propositions que je présente sur ce sujet m'ont paru cependant intéressantes en elles-mêmes et par les applications dont elles sont susceptibles. Voyez en particulier *l'usage spécial du plus petit multiple*, n° 68.

61. *Le plus grand commun diviseur de fractions irréductibles quelconques est égal au plus grand commun diviseur des numérateurs divisé par le plus petit multiple des dénominateurs.*

Pour le démontrer, désignons par $\frac{A}{B}$ l'une quelconque des proposées et par $\frac{P}{Q}$ la fraction cherchée, que nous supposerons aussi irréductible. Une fraction a pour diviseur une autre fraction, lorsque divisée par celle-ci elle donne pour quotient un nombre entier (n° 1). En conséquence, il faut d'abord que $\frac{A}{B} \times \frac{Q}{P}$ ou $\frac{AQ}{BP}$ soit un nombre entier; or, puisque A et B sont premiers entre eux, ainsi que P et Q, cette condition exige que P soit un diviseur de A, et Q un multiple de B. Donc, la fraction $\frac{P}{Q}$ doit d'abord être telle que son numérateur soit un diviseur du numérateur et son dénominateur un multiple du dénominateur de chacune des fractions proposées; mais en outre, elle doit être celle dont le numérateur est le plus grand et le dénominateur le plus petit parmi toutes les fractions qui sont dans ce cas. Donc, P doit être le plus grand commun diviseur des numérateurs, et Q le plus petit multiple des dénominateurs des fractions proposées. Donc, etc.

Exemple. Soient les fractions $\frac{3}{5}$, $\frac{12}{7}$, $\frac{24}{25}$; le plus grand commun diviseur des numérateurs est 3, et le plus petit multiple des dénominateurs est 175; donc, le plus grand commun diviseur de ces fractions est $\frac{3}{175}$.

62. *Le plus petit multiple de fractions irréductibles quelconques est égal au plus petit multiple des numérateurs divisé par le plus grand commun diviseur des dénominateurs.*

Car, si l'on désigne toujours par $\frac{A}{B}$ l'une quelconque des fractions proposées et par $\frac{P}{Q}$ la fraction cherchée supposée irréductible, il faut d'abord que $\frac{P}{Q}$ soit divisible par $\frac{A}{B}$, c'est-à-dire que $\frac{P}{Q} \times \frac{B}{A}$ ou $\frac{PB}{QA}$ soit un nombre entier, ce qui exige que P soit un multiple de A, et Q un diviseur de B. Donc, la fraction cherchée doit d'abord être telle que son numérateur soit un multiple du numérateur, et son dénominateur un diviseur du dénominateur de chacune des proposées. Mais en outre, elle doit être celle dont le numérateur est le plus petit, et le dénominateur le plus grand parmi toutes les fractions qui satisfont à cette double condition; donc, P doit être le plus petit multiple des numérateurs, et Q le plus grand commun diviseur des dénominateurs.

Exemple. Soient les fractions $\frac{3}{10}, \frac{7}{12}, \frac{9}{20}$. Le plus petit multiple des numérateurs est 63, et le plus grand commun diviseur des dénominateurs est 2; donc, $\frac{63}{2}$ forme le plus petit multiple de ces trois fractions.

63. Nous conclurons de ces deux propositions que, *pour former le plus grand commun diviseur ou le plus petit multiple de nombres fractionnaires quelconques, il faut les ramener à la forme de fractions à deux termes irréductibles, et former une nouvelle fraction qui ait pour numérateur le plus grand commun diviseur ou le plus petit multiple des numérateurs, et pour dénominateur le plus petit multiple ou le plus grand commun diviseur des dénominateurs.*

Nous offrons au lecteur les exemples suivans :

Nombres proposés.				*Pl. gr. com. div.*	*Pl. p. mult.*
$\frac{1}{7}$,	$\frac{36}{19}$,	$\frac{16}{21}$,		$\frac{4}{147}$,	$\frac{144}{7}$
$\frac{13}{18}$,	$\frac{64}{27}$,	$\frac{91}{95}$,	$\frac{8}{63}$,	$\frac{1}{630}$,	$\frac{582}{92}$
$\frac{40}{27}$,	$\frac{24}{25}$,	$\frac{16}{45}$,	$\frac{32}{7}$.	$\frac{8}{4725}$.	480.
32,	$6\frac{3}{4}$,	$5\frac{15}{16}$,	$2\frac{3}{7}$.	$\frac{13}{16}$.	252
$14\frac{3}{8}$,	$21\frac{1}{4}$,	$17\frac{11}{12}$,	$3\frac{7}{16}$.	$\frac{5}{48}$.	$231178\frac{3}{4}$.
6.12,	4.63,	0.1683,	0.228.	0.0001.	$8953\frac{14}{25}$.

64. *Remarque.* Il résulte de la propriété du n° 61, que des nombres fractionnaires quelconques ont au moins un commun diviseur ; donc (n° 2), ils en ont une infinité. Nous reviendrons sur cette remarque dans la note sur les *communes mesures.*

65. *Un nombre premier ne peut avoir pour diviseur aucun nombre fractionnaire plus grand que l'unité, ni aucune fraction irréductible dont le numérateur ne soit pas l'unité.*

Soit, en effet, A un nombre premier quelconque, divisible par une fraction irréductible $\frac{P}{Q}$. Désignant par M le quotient, nous aurons $\frac{AQ}{P}=M$. Or, d'après les hypothèses, P est premier avec A et avec Q ; donc, il ne pourrait diviser AQ, en donnant le quotient entier M, s'il n'était précisément l'unité ; donc, etc.

66. *Deux nombres entiers, premiers entre eux, ne peuvent avoir pour diviseur commun aucun nombre*

fractionnaire plus grand que l'unité, ni aucune fraction irréductible dont le numérateur ne soit pas l'unité.

En effet, soient A et B ces deux nombres, $\frac{P}{Q}$ une fraction irréductible qui les divise, M et N les quotiens, nous aurons : $\frac{AQ}{P}=M$, $\frac{BQ}{P}=N$. Or, P est premier avec Q; donc, il doit diviser A et B, et par conséquent il doit être égal à l'unité, puisque A et B sont premiers entre eux.

67. *Deux nombres entiers quelconques ne peuvent avoir pour diviseur commun aucun nombre fractionnaire, plus grand que leur plus grand commun diviseur entier.*

En effet, soient A et B deux nombres entiers quelconques divisibles par la fraction irréductible $\frac{P}{Q}$, M et N les quotiens; nous aurons : $\frac{AQ}{P}=M$, $\frac{BQ}{P}=N$. Soient aussi D le plus grand commun diviseur de A et B, A' et B' les quotiens de A et B par D ; il en résultera $A=A'D$, $B=B'D$, et par suite, en vertu des égalités précédentes, $\frac{A'DQ}{P}=M$, $\frac{B'DQ}{P}=N$. Or, P est premier avec Q, A' et B'; donc il doit diviser D ; donc D est plus grand que P, et, *à fortiori*, plus grand que $\frac{P}{Q}$; donc, etc.

§ 7.

USAGE SPÉCIAL DU PLUS PETIT MULTIPLE.

68. Il est une classe de problèmes remarquables, dont la résolution peut se ramener au calcul d'un plus petit multiple : ce sont les problèmes qui se rapportent plus ou moins directement à cette question spéciale : *Etant donnés les intervalles après lesquels se reproduisent certains événemens périodiques, déterminer ceux qui séparent les époques de leur simultanéité?*

Quelques exemples feront comprendre cette application.

1er EXEMPLE. *Un certain événement se reproduit toutes les 18 heures; un second toutes les 24 heures, et un troisième toutes les 45 heures : à combien d'heures d'intervalle les trois événemens seront-ils simultanés?*

Dans l'intervalle qui sépare deux concordances consécutives de ces trois événemens, chacun d'eux a dû se produire exactement un certain nombre de fois; d'où il suit que le nombre d'heures qui représente cet intervalle doit être un multiple des trois nombres 18, 24 et 45. Mais cette condition *nécessaire* est *suffisante*; donc le nombre cherché est *le plus petit multiple* de ces trois nombres. Comme on trouve 360 pour ce multiple, la concordance aura lieu toutes les 360 heures.

2e EXEMPLE. *Cinq mobiles parcourent dans le même sens la circonférence d'un cercle avec des vitesses différentes et telles que le premier rencontre le second toutes les 2 h. et $\frac{1}{10}$, le troisième toutes les 4 h. 1/2, le quatrième toutes les 6 h. 3/4, et le cinquième toutes les 7 h. 1/8 : à quel intervalle de temps simultanée des cinq mobiles?*

En répétant le raisonnement du 1er exemple, on prouvera que le nombre d'heures demandé doit être le plus petit multiple des nombres $2\frac{1}{10}$, $4\frac{1}{2}$, $6\frac{3}{4}$, $7\frac{1}{8}$, ou des fractions $\frac{21}{10}$, $\frac{9}{2}$, $\frac{27}{4}$, $\frac{57}{8}$. Or, en appliquant la propriété du n° 62, ces fractions étant toutes irréductibles, on trouve que le plus petit multiple des numérateurs est 3591 et que le plus grand commun diviseur des dénominateurs est 2, d'où il suit que le plus petit multiple cherché est $\frac{3591}{2}$ ou 1795 $\frac{1}{2}$. Donc, la rencontre simultanée aura lieu toutes les 1795 heures et demie.

3ᵉ Exemple. *Cinq mobiles parcourent dans le même sens une circonférence de 100 mètres : le premier parcourt 2 mètres par heure, le second* 2 m $\frac{3}{7}$, *le troisième* 3 m $\frac{1}{4}$, *le quatrième* 4 m $\frac{1}{10}$, *le cinquième* 5 m : *à combien d'heures d'intervalle se fera leur rencontre simultanée?*

Nous commencerons par calculer l'intervalle entre deux rencontres consécutives du premier mobile avec chacun des suivans ; ce premier calcul est facile, puisqu'il se réduit à *diviser la circonférence par la différence des vitesses* (*). On trouve en conséquence que le premier rencontre le second toutes les $\frac{700}{3}$ h., le troisième toutes les 80 h., le quatrième toutes les $\frac{1000}{21}$ h., et le cinquième toutes les $\frac{100}{3}$ h. Il ne s'agit plus que de prendre le plus petit multiple des fractions $\frac{700}{3}$, $\frac{80}{1}$, $\frac{1000}{21}$, $\frac{100}{3}$, multiple qu'on trouve égal à 14000; donc, les cinq mobiles se rencontreront à la fois toutes les 14000 heures.

On conclurait de là facilement, si on le désirait, la

(*) En effet, entre deux rencontres du premier avec le second, par exemple, le second doit parcourir une circonférence de plus que le premier ; mais il parcourt dans chaque heure $\frac{3}{7}$ mèt. de plus que celui-ci ; donc l'intervalle des deux rencontres s'obtiendra en cherchant combien de fois 100 contient $\frac{3}{7}$.

Ces deux derniers exemples font voir avec quelle facilité se résout, par la propriété du petit multiple, le problème général de la *rencontre des mobiles* sur la circonférence d'une courbe, problème qu'on a traité jusqu'à ce jour très imparfaitement par les méthodes de l'analyse algébrique.

position des points de rencontre deux à deux ou des rencontres simultanées ; on trouverait que celles-ci ont lieu constamment au même point.

§ 8.

PROBLÈMES QUI DÉPENDENT DE LA THÉORIE DE LA DIVISIBILITÉ.

Nous allons maintenant offrir au lecteur quelques problèmes qu'il parviendra facilement à résoudre, s'il a bien compris les principes généraux qui ont été exposés et les applications particulières du paragraphe précédent.

Quel est plus grand nombre qui donne le reste 8 quand il divise 3473 et le reste 7 quand il divise 826?

Réponse : 63.

Quel est le plus petit nombre qui, divisé par 12, par 15 et par 18, donne constamment le reste 5?

Réponse : 1265.

Il existe un nombre moindre que 5049, divisible par 9, et qui donne constamment le reste 9 quand il est divisé par 10, par 15, par 21 et par 24 : quel est ce nombre?

Réponse : 2529.

Un berger, interrogé sur le nombre de ses moutons, répond : « J'en ai mille au plus, et en les comptant 2 à 2, 3 à 3, 4 à 4, 5 à 5, 6 à 6, on trouve qu'il en reste toujours un. » Combien avait-il de moutons?

Réponse : 721.

Une personne a vu défiler une armée composée totalement de pelotons de 9 hommes; d'autres personnes qui ont eu occasion de les compter par groupes de 30, de 36 et 64 hommes, ont trouvé constamment un reste de 18 hommes : quel est au moins la totalité de l'armée?

Réponse : 25938.

Trois armées de 13745, 8110 et 6240 hommes sont campées dans un même pays et logées dans des tentes d'une égale capacité; ces tentes, par un ordre du général en chef, ne pouvant être occupées qu'au complet, il arrive qu'il reste 17 soldats dans le premier camp et 14 dans le second qui ne peuvent être logés; ils le sont tous dans le troisième. On demande le nombre des hommes logés dans chaque tente et le nombre des tentes dans chacune des trois armées?

Réponse : 1° Chaque tente contient 32 hommes; 2° il y a respectivement 429, 253 et 195 tentes dans les trois armées.

Une personne a dans une main un nombre impair de louis de 24 fr., et dans l'autre main un nombre pair de napoléons de 20 fr.; on lui dit : « Multipliez par 4 ce que vous avez dans la main droite et par 6 ce que vous avez dans la main gauche; additionnez les produits, distribuez la somme entre 48 pauvres et dites-moi ce qui revient à chacun? » Elle répond : « 57 fr. » On demande en conséquence dans quelle main se trouvaient les louis?

Réponse : Dans la main droite.

Nota. Le lecteur qui a vu en algèbre les équations

indéterminées du premier degré peut se proposer de trouver en outre le nombre des louis et celui des napoléons ; il trouvera que le problème est susceptible de trois solutions.

Une Fête est célébrée tous les 14 ans chez un peuple, tous les 15 ans chez un second peuple, tous les 18 ans chez un troisième, et tous les 24 ans chez un quatrième : à combien d'années d'intervalle sera-t-elle célébrée la même année chez les quatre peuples ?

Réponse : Elle le sera tous les 2520 ans.

On additionne six fractions décimales périodiques contenant respectivement 2, 3, 4, 6, 8 *et* 9 *chiffres décimaux dans leurs périodes. Quel sera au plus le nombre des chiffres contenus dans la période du résultat ?*

Réponse : 72.

Quatre mobiles parcourent dans le même sens la circonférence d'un cercle : le premier rencontre le second toutes les 4 heures $\frac{1}{2}$, le troisième toutes les 6 h. $\frac{9}{14}$, le quatrième toutes les 9 h. $\frac{3}{4}$. A quel intervalle de temps se fera leur rencontre simultanée ?

Réponse : Elle se fera tous les 75 jours, 13 h. $\frac{1}{2}$.

Une planète ayant cinq satellites, le premier se retrouve en conjonction avec le second tous les 1 j., 824 ; avec le troisième tous les 3 j., 192 ; avec le quatrième tous les 4 j., 880, et avec le cinquième tous les 5 j., 640 : à quel intervalle de temps les cinq satellites seront-ils en conjonction ?

Réponse : Ils le seront tous les 182541 jours, 280.

Une montre marque les heures, les minutes et les secondes : à quels intervalles l'aiguille des secondes rencontrera-t-elle celle des minutes, celle des heures et ces deux aiguilles en même temps?

Réponse : Elle rencontrera l'aiguille des minutes à 1′ $\frac{1}{59}$ d'intervalle, celle des heures à 1′ $\frac{1}{719}$; les trois aiguilles se couvriront toutes les 12 heures.

Cinq courriers parcourent dans le même sens une circonférence de 12 lieues : le premier fait 1 lieue $\frac{3}{4}$ par heure ; le second 2 l. $\frac{1}{4}$; le troisième 3 l. $\frac{2}{3}$; le quatrième 4 l. et le cinquième 4 l. $\frac{1}{5}$: à quel intervalle de temps se fera leur rencontre simultanée?

Réponse : Cet intervalle sera de 30 jours.

On a quatre montres dont les trois premières avancent par 24 heures de 21′ 32″, de 52′ 10″ et de 12′; la quatrième retarde par 24 heures de 14′ 28″ : à quel intervalle de temps toutes ces montres marqueront-elles la même heure?

Réponse : 21600 jours.

Six roues dentées s'engrènent mutuellement. La première, qui fait un tour entier dans 12″ $\frac{4}{7}$, porte 128 dents sur sa circonférence; les autres en portent 95, 76, 60, 54 et 48; il y a dans la machine dont elles font partie, un volant qui fait un tour dans 3″ $\frac{10}{21}$: à quel intervalle de temps les six roues et le volant se retrouveront-ils dans la même position relative?

Réponse : 27 j. 9 h. 50′ 22″ $\frac{6}{7}$.

NOTE

DES COMMUNES MESURES EN GÉNÉRAL. — DES QUANTITÉS ET DES NOMBRES INCOMMENSURABLES.

Les développemens suivans sont propres à compléter les premières notions de la mesure des quantités; ils découlent de la théorie du plus grand commun diviseur.

Étant données deux quantités d'une certaine espèce, par exemple des longueurs, des portions de surface, etc., on dit qu'une troisième quantité de même espèce forme une COMMUNE MESURE des premières, lorsqu'elle est contenue dans chacune d'elles un nombre exact de fois; de manière que les communes mesures ne sont autre chose que des *communs diviseurs*, lorsque les quantités sont *numériques*, c'est-à-dire évaluées en nombres. Or, de cette définition résultent les propriétés suivantes :

I. Deux quantités qui ont une commune mesure en ont par cela même une infinité d'autres, puisque toute partie aliquote de cette commune mesure doit satisfaire à la condition qui la caractérise. On dit dans ce cas que les deux quantités sont COMMENSURABLES entre elles.

II. La recherche de la commune mesure de deux quantités proposées dépend des mêmes considérations qui nous ont guidé dans la recherche du plus grand commun diviseur; ainsi, l'on concevra la plus petite des deux quantités, que nous appellerons *la seconde*, transportée dans *la première* où elle pourra être contenue un certain nombre de fois et laisser un reste; ce reste transporté dans la seconde, ce qui pourra donner un second reste; ce second reste transporté dans le premier, ce qui pourra donner un troisième reste; et ainsi de suite jusqu'à ce qu'on obtienne un reste *nul;* celui qui l'aura immédiatement précédé sera la plus grande commune mesure de ces deux quantités.

Mais ici se présente une objection très fondée; il peut arriver que chaque reste engendre constamment un nouveau reste, même en continuant aussi loin que possible la série des opérations; cela devient tout-à-fait évident lorsqu'il arrive, comme on en a des exemples en géométrie, que les restes ont entre eux consécutivement la même relation de grandeur. Dans ce cas, les quantités proposées n'ont pas de commune mesure; elles sont INCOMMENSURABLES (*).

(*) La géométrie offre de nombreux exemples de quantités incommensurables : la diagonale d'un carré ou d'un cube est incommensurable avec son côté; la circonférence d'un cercle est incommensurable avec son diamètre; la surface ou le volume d'une sphère est incommensurable avec la surface du carré ou le volume du cube construit sur son diamètre, etc.

Non seulement deux quantités que l'on compare peuvent n'avoir entre elles aucune commune mesure; mais, si elles sont prises sans un choix déterminé, on peut présumer avec l'autorité d'une infinité de chances contre une qu'elles sont incommensurables, de manière que ce qui se présentait d'abord comme un cas exceptionnel est réellement le cas général. De là résulte cette proposition, qui semble un paradoxe, qu'*en général, la mesure* EXACTE *des quantités est théoriquement impossible.*

III. Deux quantités représentées ou qu'il est possible de représenter par deux nombres, sont commensurables entre elles.

Car les nombres qui les représentent ont nécessairement (nº 64) un commun diviseur ; d'où il suit que les deux quantités ont pour commune mesure la quantité qui serait représentée par ce diviseur.

IV. Réciproquement, deux quantités commensurables entre elles peuvent toujours être représentées par deux nombres, et même par deux nombres entiers, puisqu'il suffit pour cela de les rapporter à l'une quelconque de leurs communes mesures comme unité.

V. Deux quantités incommensurables entre elles ne peuvent être représentées par deux nombres ; si donc, dans leur évaluation, l'une d'elles est prise pour unité, l'autre ne peut être représentée exactement par aucun nombre entier ni fractionnaire ; cependant, on convient de dire dans ce cas que sa valeur arithmétique est un NOMBRE INCOMMENSURABLE, on sous-entend AVEC L'UNITÉ.

VI. Réciproquement, si deux quantités sont telles que, l'une étant prise pour unité, l'autre ne puisse être représentée exactement par aucun nombre, ces deux quantités sont incommensurables entre elles.

VII. Deux quantités étant incommensurables, si l'une d'elles est divisée en parties égales, qu'on peut supposer très petites, l'autre contiendra un certain nombre de ces parties plus un reste, et si l'on néglige ce reste on la rendra commensurable avec la première ; or, la petitesse des parties de celle-ci n'a pas de limite qu'on ne puisse reculer par la pensée (*). Donc, *étant données deux quantités incommensurables, on peut toujours remplacer la seconde par une autre commensurable avec la première, avec une erreur aussi petite qu'on peut le désirer et moindre que toute quantité assignable.* Donc, aussi : *il est toujours possible d'obtenir en nombre proprement dit la valeur d'un nombre incommensurable avec un degré d'approximation déterminé.*

VIII. On obtient fréquemment pour résultats de certains calculs d'arithmétique *(calculs des racines ou des logarithmes)* des valeurs qui par leur nature ne peuvent être exprimées exactement en nombres, mais peuvent l'être du moins avec un degré d'approximation illimité : de telles valeurs ne sont donc que des nombres incommensurables.

(*) On peut même concevoir la première quantité divisée en parties *infiniment petites*. Alors, le reste fourni par la seconde étant aussi infiniment petit sera légitimement négligeable; d'où il suit qu'il est permis de considérer deux quantités incommensurables comme ayant entre elles une *commune mesure infiniment petite.* Si l'on admettait aussi des nombres d'une valeur infiniment petite, on pourrait dire que tout nombre commensurable et l'unité ont entre eux un commun diviseur infiniment petit; mais cette hypothèse est contraire à la nature des nombres tels que les définit la numération.

TABLES
DES NOMBRES PREMIERS
COMPRIS
ENTRE LES LIMITES 0 ET 100,000.

1	163	373	—	829	1063	1307	1583	1867	2113	2389	2687
3	167	379	601	839	1069	1319	1597	1871	2129	2393	2689
5	173	383	607	853	1087	1321	—	1873	2131	2399	2693
7	179	389	613	857	1091	1327	1601	1877	2137	—	2699
9	181	397	617	859	1093	1361	1607	1879	2141	2411	—
11	191	—	619	863	1097	1367	1609	1889	2143	2417	2707
13	193	401	631	877	—	1373	1613	—	2153	2423	2711
17	197	409	641	881	1103	1381	1619	1901	2161	2437	2713
19	199	419	643	883	1109	1389	1621	1907	2179	2441	2719
23	—	421	647	887	1117	—	1627	1913	—	2447	2729
29	211	421	653	—	1123	1409	1637	1931	2203	2459	2731
31	223	433	659	991	1129	1423	1657	1933	2207	2467	2741
37	227	439	661	907	1151	1427	1663	1949	2213	2473	2749
41	229	443	673	911	1153	1429	1667	1951	2221	2477	2753
43	233	449	677	919	1163	1433	1669	1973	2237	—	2767
47	239	457	683	929	1171	1439	1693	1979	2239	2503	2777
53	241	461	691	937	1181	1447	1697	1987	2243	2521	2789
59	251	463	—	941	1187	1451	1699	1993	2251	2531	2791
61	257	467	701	947	1193	1453	—	1997	2267	2539	2797
67	263	479	709	953	—	1459	1709	1999	2269	2543	—
71	269	487	719	967	1201	1471	1721	═	2273	2549	2801
73	271	491	727	971	1213	1481	1723		2281	2551	2803
79	277	499	733	977	1217	1483	1733	2003	2287	2557	2819
83	281	—	739	983	1223	1487	1741	2011	2293	2579	2833
89	283	503	743	991	1229	1489	1747	2017	2297	2591	2837
97	293	509	751	997	1231	1493	1753	2027	—	2593	2843
—	—	521	757	═	1287	1499	1759	2029	2309	—	2851
101	307	523	761		1249	—	1777	2039	2311	2609	2857
103	311	541	769	1009	1259	1511	1783	2053	2333	2617	2861
107	313	547	773	1013	1277	1523	1787	2063	2339	2621	2879
109	317	557	787	1019	1279	1531	1789	2069	2341	2633	2887
113	331	563	797	1021	1283	1543	—	2081	2347	2647	2897
127	337	569	—	1031	1289	1549	1801	2083	2351	2657	
131	347	571	809	1033	1293	1553	1811	2087	2357	2659	—
137	349	577	811	1039	1299	1559	1823	2089	2371	2663	2903
149	353	587	821	1049	—	1567	1831	2099	2377	2671	2909
151	359	593	823	1051	1301	1571	1847	—	2381	2677	2917
157	367	599	827	1061	1303	1579	1861	2111	2383	2683	2927

2939	3361	3769	—	4637	5009	5471	5879	6323	6791	7219
2953	3371	3779	4201	4639	5011	5477	5881	6329	6793	7229
2957	3373	3793	4211	4643	5021	5479	5897	6337	—	7237
2963	3389	3797	4217	4649	5023	5483	—	6343	6803	7243
2969	3391	—	4219	4651	5039	—	5903	6353	6823	7247
2971	—	3803	4229	4657	5051	5501	5923	6359	6827	7253
2999	3407	3821	4231	4663	5059	5503	5927	6361	6829	7283
═	3413	3823	4241	4673	5077	5507	5939	6367	6833	7297
3001	3433	3833	4243	4679	5081	5519	5953	6373	6841	—
3011	3449	3847	4253	4691	5087	5521	5981	6379	6857	7307
3019	3457	3851	4259	—	5099	5527	5987	6389	6863	7309
3023	3461	3853	4261	4703	—	5531	═	6397	6869	7321
3037	3463	3863	4271	4721	5101	5537	6007	—	6871	7331
3041	3467	3877	4273	4723	5107	5563	6011	6421	6883	7333
3049	3469	3881	4283	4729	5113	5569	6029	6427	6899	7349
3061	3491	3889	4289	4733	5119	5573	6037	6449	—	7351
3067	3499	—	4297	4751	5147	5581	6043	6451	6907	7369
3079	—	3907	—	4759	5153	5591	6047	6469	6911	7393
3083	3511	3911	4327	4783	5167	—	6053	6473	6917	—
3089	3517	3917	4337	4787	5171	5623	6067	6481	6947	7411
—	3527	3919	4339	4789	5179	5639	6073	6491	6949	7417
3109	3529	3923	4349	4793	5189	5641	6079	—	6959	7433
3119	3533	3929	4357	4799	5197	5647	6089	6521	6961	7451
3121	3539	3931	4363	—	—	4651	6091	6529	6967	7457
3137	3541	3943	4373	4801	5209	5653	—	6547	6971	7459
3163	3547	3947	4391	4813	5227	5657	6101	6551	6977	7477
3167	3557	3967	4397	4817	5231	5659	6113	6553	6983	7481
3169	3559	3989	—	4831	5233	5669	6121	6563	6991	7487
3181	3571	═	4409	4801	5237	5689	6131	6569	6997	7489
3187	3581	4001	4421	4813	5261	5693	6133	6571	═	7499
3191	3583	4003	4423	4817	5273	—	6143	6577	7001	—
—	3593	4007	4441	4831	5279	5701	6151	6581	7013	7507
3203	—	4013	4447	4861	5281	5711	6163	6599	7019	7517
3209	3607	4019	4451	4871	5297	5717	6173	—	7027	7523
3217	3613	4021	4457	4877	—	5737	6197	6607	7039	7529
3221	3617	4027	4463	4889	5303	5741	6199	6619	7043	7537
3229	3623	4049	4481	—	5309	5743	—	6637	7057	7541
3251	3631	4051	4483	4903	5323	5749	6203	6653	7069	7547
3253	3637	4057	4493	4909	5333	5779	6211	6659	7079	7549
3257	3643	4073	—	4919	5347	5783	6217	6661	—	7559
3259	3559	4079	4507	4931	5351	5791	6221	6673	7103	7561
3271	3671	4091	4513	4933	5381	—	6229	6679	7109	7573
3299	3673	4093	4517	4937	5387	5801	6247	6689	7121	7577
—	3677	4099	4529	4943	5393	5807	6257	6691	7127	7583
3301	3691	—	4523	4951	5399	5813	6263	—	7129	7589
3307	3697	4111	4547	4957	—	5821	6269	6701	7151	7591
3313	—	4127	4549	4967	5407	5827	6271	6703	7159	—
3319	3701	4129	4561	4969	5413	5839	6277	6709	7177	7603
3323	3709	4133	4567	4973	5417	5843	6287	6719	7187	7607
3329	3719	4139	4583	4987	5419	5849	6299	6733	7193	7621
3331	3727	4153	4591	4993	5431	5851	—	6737	—	7639
3343	3733	4157	4597	4999	5437	5857	6301	6761	7207	7643
3347	3739	4159	—	═	5441	5861	6311	6763	7211	7649
3359	3761	4177	4603	5003	5443	5867	6317	6779	7213	7669
	3767		4621		5449	5869		6781		7673

7681	8147	8623	9041	9473	9929	10391	10883	11351	11839
7687	8161	8627	9043	9479	9931	10399	10889	11353	11863
7691	8167	8629	9049	9491	9941	10427	10891	11369	11867
7699	8171	8641	9059	9497	9949	10429	10903	11383	11887
7703	8179	8647	9067	9511	9967	10433	10909	11393	11897
7717	8191	8663	9091	9521	9973	10453	10937	11399	11903
7723	8209	8669	9103	9533	10007	10457	10939	11411	11909
7727	8219	8677	9109	9539	10009	10459	10949	11423	11923
7741	8221	8681	9127	9547	10037	10463	10957	11437	11927
7753	8231	8689	9133	9551	10039	10477	10973	11443	11933
7757	8233	8693	9137	9587	10061	10487	10979	11447	11939
7759	8237	8699	9151	9601	10067	10499	10987	11467	11941
7789	8243	8707	9157	9613	10069	10501	10993	11471	11953
7793	8263	8713	9161	9619	10079	10513	11003	11483	11959
7817	8269	8719	9173	9623	10091	10529	11027	11489	11969
7823	8273	8731	9181	9629	10093	10531	11047	11491	11971
7829	8287	8737	9187	9631	10099	10559	11057	11497	11981
7841	8291	8741	9199	9643	10103	10567	11059	11503	11987
7853	8293	8747	9203	9649	10111	10589	11069	11519	12007
7867	8297	8753	9209	9661	10133	10597	11071	11527	12011
7873	8311	8761	9221	9677	10139	10601	11083	11549	12037
7877	8317	8779	9227	9679	10141	10607	11087	11551	12041
7879	8329	8783	9239	9689	10151	10613	11093	11579	12043
7883	8353	8803	9241	9697	10159	10627	11113	11587	12049
7901	8363	8807	9257	9719	10163	10631	11117	11593	12071
7907	8369	8819	9277	9721	10169	10639	11119	11597	12073
7919	8377	8821	9281	9733	10177	10651	11131	11617	12097
7927	8387	8831	9283	9739	10181	10657	11149	11621	12101
7933	8389	8837	9293	9743	10193	10663	11159	11633	12107
7937	8419	8839	9311	9749	10211	10667	11161	11657	12109
7949	8423	8849	9319	9767	10223	10687	11167	11677	12113
7951	8429	8861	9323	9769	10243	10691	11171	11681	12119
7963	8431	8863	9337	9781	10247	10709	11173	11689	12143
7993	8443	8867	9341	9787	10253	10711	11177	11699	12149
8009	8447	8887	9343	9791	10259	10723	11197	11701	12157
8011	8461	8893	9349	9803	10267	10729	11213	11717	12161
8017	8467	8923	9371	9811	10271	10733	11239	11719	12163
8039	8501	8929	9377	9817	10273	10739	11243	11731	12197
8053	8513	8933	9391	9829	10289	10753	11251	11743	12203
8059	8521	8941	9397	9833	10301	10771	11257	11777	12211
8069	8527	8951	9403	9839	10303	10781	11261	11779	12227
8081	8537	8963	9413	9851	10313	10789	11273	11783	12239
8087	8539	8969	9419	9857	10321	10799	11279	11789	12241
8089	8543	8971	9421	9859	10331	10831	11287	11801	12251
8093	8563	8999	9431	9871	10333	10837	11299	11807	12253
8101	8573	9001	9433	9883	10337	10847	11311	11813	12263
8111	8581	9007	9437	9887	10343	10853	11317	11821	12269
8117	8597	9011	9439	9901	10357	10859	11321	11827	12277
8123	8599	9013	9461	9907	10369	10861	11329	11831	12281
	8609	9029	9463	9923		10867		11833	12289
			9467						

12301	12743	13217	13709	14197	14699	15139	15607	16073
12323	12757	13219	13711	14207	14713	15149	15629	16087
12329	12763	13229	13721	14221	14717	15161	15641	16091
12343	12781	13241	13723	14243	14723	15173	15643	16097
12347	12791	13249	13729	14249	14731	15187	15647	16103
12373	12799	13259	13751	14251	14737	15193	15649	16111
12377	12809	13267	13757	14281	14741	15217	15661	16127
12379	12821	13291	13759	14293	14747	15227	15667	16139
12391	12823	13297	13763	14303	14753	15233	15671	16141
12401	12829	13309	13781	14321	14759	15241	15679	16183
12409	12841	13313	13789	14323	14767	15259	15683	16187
12413	12853	13327	13799	14327	14771	15263	15727	16189
12421	12889	13331	13807	14341	14779	15269	15731	16193
12433	12893	13337	13829	14347	14783	15271	15733	16217
12437	12899	13339	13831	14369	14797	15277	15737	16223
12451	12907	13367	13841	14387	14813	15287	15739	16229
12457	12911	13381	13859	14389	14821	15289	15749	16231
12473	12917	13397	13873	14401	14827	15299	15761	16249
12479	12919	13399	13877	14407	14831	15307	15767	16253
12487	12923	13411	13879	14411	14843	15313	15773	16267
12491	12941	13417	13883	14419	14851	15319	15787	16273
12497	12953	13421	13901	14423	14867	15329	15791	16301
12503	12959	13441	13903	14431	14869	15331	15797	16319
12511	12967	13451	13907	14437	14879	15349	15803	16333
12517	12973	13457	13913	14447	14887	15359	15809	16339
12527	12979	13463	13921	14449	14891	15361	15817	16349
12539	12983	13469	13931	14461	14897	15373	15823	16361
12541	13001	13477	13933	14479	14923	15377	15859	16363
12547	13003	13487	13963	14489	14929	15383	15877	16369
12553	13007	13499	13967	14503	14939	15391	15881	16381
12569	13009	13513	13997	14519	14947	15401	15887	16411
12577	13033	13523	13999	14533	14951	15413	15889	16417
12583	13037	13537	14009	14537	14957	15427	15901	16421
12589	13043	13553	14011	14543	14969	15439	15907	16427
12601	13049	13567	14029	14549	14983	15443	15913	16433
12611	13063	13577	14033	14551	15013	15451	15919	16447
12613	13093	13591	14051	14557	15017	15461	15923	16451
12619	13099	13597	14057	14561	15031	15467	15937	16453
12637	13103	13613	14071	14563	15053	15473	15959	16477
12641	13109	13619	14081	14591	15061	15493	15971	16481
12647	13121	13627	14083	14593	15073	15497	15973	16487
12653	13127	13633	14087	14621	15077	15511	15991	16493
12659	13147	13649	1410	14627	15083	15527	16001	16519
12671	13151	13669	14143	14629	15091	15541	16007	16529
12689	13159	13679	14149	14633	15101	15551	16033	16547
12697	13163	13681	14153	14639	15107	15559	16057	16553
12703	13171	13687	14159	14653	15121	15569	16061	16561
12713	13177	13691	14173	14657	15131	15581	16063	16567
12721	13183	13693	14177	14669	15137	15583	16067	16573
12739	13187	13697		14683		15601	16069	

16603
16607
16619
16631
16633
16649
16651
16657
16661
16673
16691
16693
16699

16703
16729
16741
16747
16759
16763
16787

16811
16823
16829
16831
16843
16871
16879
16883
16889

16901
16903
16921
16927
16931
16937
16943
16963
16979
16981
16987
16993

17011
17021
17027
17029
17033
17041
17047
17053
17077

17093
17099

17107
17117
17123
17137
17159
17167
17183
17189
17191

17203
17207
17209
17231
17239
17257
17291
17293
17299

17317
17321
17327
17333
17341
17351
17359
17377
17383
17387
17389
17393

17401
17417
17419
17431
17443
17449
17467
17471
17477
17483
17489
17491
17497

17509
17519
17539
17551
17569

17573
17579
17581
17597
17599

17609
17623
17627
17657
17659
17669
17681
17683

17707
17713
17729
17737
17747
17749
17761
17783
17789
17791

17807
17827
17837
17839
17851
17863
17881
17891

17903
17909
17911
17921
17923
17929
17939
17957
17959
17971
17977
17981
17987
17989

18013
18041
18043
18047

18049
18059
18061
18077
18089

18119
18121
18127
18131
18133
18143
18149
18169
18181
18191
18199

18211
18217
18223
18229
18233
18251
18253
18257
18269
18287
18289

18301
18307
18311
18313
18329
18341
18353
18367
18371
18379
18397

18401
18413
18427
18433
18439
18443
8451
18457
18461
18481
18493

18503

18517
18521
18523
18539
18541
18553
18583
18587
18593

18617
18637
18661
18671
18679
18691

18701
18713
18719
18731
18743
18749
18757
18773
18787
18793
18797

18803
18839
18859
18869
18899

18911
18913
18917
18919
18947
18959
18973
18979

19001
19009
19013
19031
19037
19051
19066
19073
19079
19081

19087

19121
19139
19141
19157
19163
19181
19183

19207
19211
19213
19219
19231
19237
19249
19259
19267
19273
19289

19301
19309
19319
19333
19373
19379
19381
19387
19391

19403
19417
19421
19423
19427
19429
19433
19441
19447
19457
19463
19469
19471
19477
19489

19501
19507
19531
19541
19543
19553
19559

19571
19577
19583
19597

19603
19609
19661
19681
19687

19709
19717
19727
19739
19751
19753
19759
19763
19777
19793

19801
19813
19819
19841
19843
19853
19861
19867
19889
19891

19913
19919
19927
19937
19949
19961
19963
19973
19979
19991
19993
19997

20011
20021
20023
20029
20047
20051
20063

20071
20089

20101
20107
20113
20117
20123
20129
20143
20147
20149
20161
20173
20177
20183

20201
20219
20231
20233
20249
20261
20269
20287
20297

20323
20327
20333
20341
20347
20353
20357
20359
20369
20389
20393
20399

20407
20411
20431
20441
20443
20477
20479
20483

20507
20509
20521
20533
20543
20549

20551
20563
20593
20599

20611
20627
20639
20641
20663
20681
20693

20707
20717
20719
20731
20743
20747
20749
50753
20759
20771
20773
20789

20807
20809
20849
20857
20873
20879
20887
20397
20899

20903
20921
20929
20939
20947
20959
20963
20981
20983

21001
21011
21013
21017
21019
21023
21031
21059

21061	21563	22031	22531	23021	23539	23993	24481	25033
21067	21559	22037	22541	23027	23549	═	24499	25037
21089	21569	22039	22543	23029	23557		—	25057
—	21577	22051	22549	23033	23561	24001	24509	25073
21101	21587	22063	22567	23039	23563	24007	24517	25087
21107	21589	22067	22571	23041	23567	24019	24527	25097
21121	21599	22073	22573	23053	23581	24023	24533	—
21139	—	22079	—	23057	23593	24029	24547	25111
21143	21601	22091	22613	23059	23599	24043	24551	25117
21149	21611	22093	22619	23063	—	24049	24571	25121
21157	21613	—	22621	23071	23603	24061	24593	25127
21163	21617	22109	22637	23081	23609	24071	—	25147
21169	21647	22111	22639	23087	23623	24077	24611	25153
21179	21649	22123	22643	23099	23627	24083	24623	25163
21187	21661	22129	22651	—	23629	24091	24631	25169
21191	21673	22133	22669	23117	23633	24097	24659	25171
21193	21683	22147	22679	23131	23663	—	24671	25183
—	—	22153	22691	23143	23669	24103	24677	25189
21211	21701	22157	22697	23159	23671	24107	24683	—
21221	21713	22159	22699	23167	23677	24109	24691	25219
21227	21727	22171	—	23173	23687	24113	24697	25229
21247	21737	22189	22709	23189	23689	24121	—	25237
21269	21739	22193	22717	23197	—	24133	24709	25243
21277	21751	—	22721	—	23719	24137	24733	25247
21283	21757	22229	22727	23201	23741	24151	24749	25253
—	21767	22247	22739	23203	23743	24169	24763	25261
21313	21773	22259	22741	23209	23747	24179	24767	—
21317	21787	22271	22751	23227	23753	24181	24781	25301
21319	21799	22273	22769	23251	23761	24197	24793	25303
21323	—	22277	22777	23269	23767	—	24799	25307
21341	21803	22279	22783	23279	23773	24203	—	25309
21347	21817	22283	22787	23291	23789	24223	24809	25321
21377	21821	22291	—	23293	—	24229	24821	25339
21379	21839	—	22807	23297	23801	24239	24841	25343
21383	21841	22303	22811	—	23813	24247	24847	25349
21391	21851	22307	22817	23311	23819	24251	24851	25357
21397	21859	22343	22853	23321	23827	24281	24859	25367
—	21863	22349	22859	23327	23831	—	24877	25373
21401	21871	22367	22861	23333	23833	24317	24889	25391
21407	21881	22369	22871	23339	23857	24329	—	—
21419	21893	22381	22877	23357	23869	24337	24907	25409
21433	—	22391	—	23369	23873	24359	24917	25411
21467	21911	22397	22901	23371	23879	24371	24919	25423
21481	21929	—	22907	23399	23887	24373	24923	25439
21487	21937	22409	22921	—	23893	24379	24943	25447
21491	21943	22433	22937	23417	23899	24391	24953	25453
21493	21961	22441	22943	23431	—	—	24967	25457
21499	21977	22447	22961	23447	23909	24407	24971	25463
—	21991	22453	22963	23459	23911	24413	24977	25469
21503	21997	22469	22973	23473	23917	24419	24979	25471
21517	═	22481	22993	23497	23929	24421	24989	—
21521		22483	—	—	23957	24439	═	25523
21523	22003	—	23003	23509	23971	24443		25537
21529	22013	22501	23011	23531	23977	24469	25013	25541
21557	22027	22511	23017	23537	23981	24473	25031	25561

25577	26029	26561	27031	27611	28081	—	29077	29587
25579	26041	26573	27043	27617	28087	28603	—	29599
25583	26053	26591	27059	27631	28097	28607	29101	—
25589	26083	26597	27061	27647	28099	28619	29123	29611
—	—	—	27067	27653	—	28621	29129	29629
25601	26107	26627	27073	27673	28109	28627	29131	29633
25603	26111	26633	27077	27689	28111	28631	29137	29641
25609	26113	26641	27091	27691	28123	28643	29147	29663
25621	26119	26647	—	27697	28151	28649	29153	29669
25633	26141	26669	27103	—	28163	28657	29167	29671
25639	26153	26681	27107	27701	28181	28661	29173	29683
25643	26161	26683	27109	27733	28183	28663	29179	—
25657	26171	26687	27127	27737	—	28669	29191	29717
25667	26177	26693	27143	27739	28201	28687	—	29723
25673	26183	26699	27179	27743	28211	28697	29201	29741
25679	26189	—	27191	27749	28219	—	29207	29753
25693	—	26701	27197	27751	28229	28703	29209	29759
—	26203	26711	—	27763	28277	28711	29221	29761
25703	26209	26713	27211	27767	28279	28723	29231	29789
25717	26227	26717	27239	27773	28283	28729	29243	—
25733	26237	26723	27241	27779	28289	28751	29251	29803
25741	26249	26729	27253	27791	28297	28753	29269	29819
25747	26251	26731	27259	27793	—	28759	29287	29833
25759	26261	26737	27271	27799	28307	28771	29297	29837
25763	26263	26759	27277	—	28309	28789	—	29851
25771	26267	26777	27281	27803	28319	28793	29303	29863
25793	26293	26783	27283	27809	28349	—	29311	29867
25799	26297	—	27299	27817	28351	28807	29327	29873
—	—	26801	—	27823	28387	28813	29333	29879
25801	26309	26813	27329	27827	28393	28817	29339	29881
25819	26317	26821	27337	27847	—	28837	29347	—
25841	26321	26833	27361	27851	28403	28843	29363	29917
25847	26339	26839	27367	27883	28409	28859	29383	29921
25849	26347	26849	27397	27893	28411	28867	29387	29927
25867	26357	26861	—	—	28429	28871	29389	29947
25873	26371	26863	27407	27901	28433	28879	29399	29959
25889	26387	26879	27409	27917	28439	—	—	29983
—	26393	26881	27427	27919	28447	28901	29401	29989
25903	26399	26891	27431	27941	28463	28909	29411	═
25913	—	26893	27437	27943	28477	28921	29423	30011
25919	26407	—	27449	27947	28493	28927	29429	30013
25931	26417	26903	27457	27953	28499	28933	29437	30029
25933	26423	26921	27479	27961	—	28949	29443	30047
25939	26431	26927	27481	27967	28513	28961	29453	30059
25943	26437	26947	27487	27983	28517	28979	29473	30071
25951	264 9	26951	—	27997	28537	═	29483	30089
25969	26459	26953	27509	═	28541	29009	—	30091
25981	26479	26959	27527	28001	28547	29017	29501	30097
25997	26489	26981	27529	28019	28549	29021	29527	—
25999	26497	26987	27539	28027	28559	29023	29531	30103
═	—	26993	27541	28031	28571	29027	29537	30109
26003	26501	═	27551	28051	28573	29033	29567	30113
26017	26513	27011	27581	28057	28579	29059	29569	30119
26021	26539	27017	27583	28069	28591	29063	29573	
	26557		—		28597		29581	

6

30133	30671	31177	31687	32213	32693	33181	33641	34211
30137	30689	31181	31699	32233	———	33191	33647	34213
30139	30697	31183	———	32237	32707	33199	33679	34217
30161	———	31189	31721	32251	32713	———	———	34231
30169	30703	31193	31723	32257	32717	33203	33703	34253
30181	30707	———	31727	32261	32719	33211	33713	34259
30187	30713	31219	31729	32297	32749	33223	33721	34261
30197	30727	31223	31741	32299	32771	33247	33739	34267
———	30757	31231	31751	———	32779	33287	33749	34273
30203	30763	31237	31769	32303	32783	33289	33751	34283
30211	30773	31247	31771	32309	32789	———	33757	34297
30223	30781	31249	31793	32321	32797	33301	33767	———
30241	———	31253	31799	32323	———	33311	33769	34301
30253	30803	31259	———	32327	32801	33317	33773	34303
30259	30809	31267	31817	32341	32803	33329	33791	34313
30269	30817	31271	31847	32353	32831	33331	33797	34319
30271	30829	31277	31849	32359	32833	33343	———	34327
30293	30839	———	31859	32363	32839	33347	33809	34337
———	30841	31307	31873	32369	32843	33349	33811	34351
30307	30851	31319	31883	32371	32869	33353	33827	34361
30313	30853	31321	31891	32377	32887	33359	33829	34367
30319	30859	31327	———	32381	———	33377	33851	34369
30323	30869	31333	31907	———	32909	33391	33857	34381
30341	30871	31337	31957	32401	32911	———	33863	———
30347	30881	31357	31963	32411	32917	33403	33871	34403
30367	30893	31379	31973	32413	32933	33409	33889	34421
30389	———	31387	31981	32423	32939	33413	33893	34429
30391	30911	31391	31991	32429	32941	33427	———	34439
———	30931	31393	═══	32441	32957	33457	33911	34457
30403	30937	31397		32443	32969	33461	33923	34469
30427	30941	———	32003	32467	32971	33469	33931	34471
30431	30949	31469	32009	32479	32983	33479	33937	34483
30449	30971	31477	32027	32491	32987	33487	33941	34487
30467	30977	31481	32029	32497	32993	33493	33961	34499
30469	30983	31489	32051	———	32999	———	33967	———
30491	═══	———	32057	32503	═══	33503	33997	34501
30493		31511	32059	32507		33521	═══	34511
30497	31013	31513	32063	32531	33013	33529		34513
———	31019	31517	32069	32533	33023	33533	34019	34519
30509	31033	31531	32077	32537	33029	33547	34031	34537
30517	31039	31541	32083	32561	33037	33563	34033	34543
30529	31051	31543	32089	32563	33049	33569	34039	34549
30539	31063	31547	32099	32569	33053	33577	34057	34583
30553	31069	31567	———	32573	33071	33581	34061	34589
30557	31079	31573	32117	32579	33073	33587	———	34591
30559	31081	31583	32119	32587	33083	33589	34123	———
30577	31091	———	32141	———	33091	33599	34127	34603
30593	———	31601	32143	32603	———	———	34129	34607
———	31121	31607	32159	32609	33107	33601	34141	34613
30631	31123	31627	32173	32611	33113	33613	34147	34631
30637	31139	31643	32183	32621	33119	33617	34157	34649
30643	31147	31649	32189	32633	33049	33619	34159	34651
30657	31151	31657	32191	32647	33151	33623	34171	34667
30649	31153	31663	———	32653	33161	33629	34183	34673
30661	31156	31667	32203	32687	33179	33637	———	34679

34687	35221	35801	36299	36791	37309	37813	38351	38903
34693	35227	35803	36307	36793	37313	37831	38371	38917
34703	35251	35809	36313	36809	37321	37847	38377	38921
34721	35257	35831	36319	36821	37337	37853	38393	38923
34729	35267	35837	36341	36833	37339	37861	38431	38933
34739	35279	35839	36343	36847	37357	37871	38447	38953
34747	35281	35851	36353	36857	37361	37879	38449	38959
34757	35291	35863	36373	36871	37363	37889	38453	38971
34759	35311	35869	36383	36877	37369	37897	38459	38977
34763	35317	35879	36389	36887	37379	37907	38461	38993
34781	35323	35897	36433	36899	37397	37951	38501	39019
34807	35327	35899	36451	36901	37409	37957	38543	39023
34819	35339	35911	36457	36913	37423	37963	38557	39041
34841	35353	35923	36467	36919	37441	37967	38561	39043
34843	35363	35933	36469	36923	37447	37987	38567	39047
34847	35381	35951	36473	36929	37463	37991	38569	39079
34849	35393	35963	36479	36931	37483	37993	38593	39089
34871	35401	35969	36493	36943	37489	37997	38603	39097
34877	35407	35977	36497	36947	37493	38011	38609	39103
34883	35419	35983	36523	36973	37501	38039	38611	39107
34897	35423	35993	36527	36979	37507	38047	38629	39113
34913	35437	35999	36529	36997	37511	38053	38639	39119
34919	35447	36007	36541	37003	37517	38069	38651	39133
34939	35449	36011	36551	37013	37529	38083	38653	39139
34949	35461	36013	36559	37019	37537	38113	38669	39157
34961	35491	36017	36563	37021	37547	38119	38671	39161
34963	35507	36037	36571	37039	37549	38149	38677	39163
34981	35509	36061	36583	37049	37561	38153	38693	39181
35023	35521	36067	36587	37057	37567	38167	38699	39191
35027	35527	36073	36599	37061	37571	38177	38707	39199
35051	35531	36083	36607	37087	37573	38183	38711	39209
35053	35533	36097	36629	37097	37579	38189	38713	39217
35059	35537	36107	36637	37117	37589	38197	38723	39227
35069	35543	36109	36643	37123	37591	38201	38729	39229
35081	35569	36131	36653	37139	37607	38219	38737	39233
35083	35573	36137	36671	37159	37619	38231	38747	39239
35089	35591	36151	36677	37171	37633	38237	38749	39241
35099	35593	36161	36683	37181	37643	38239	38767	39251
35107	35597	36187	36691	37189	37649	38261	38783	39293
35111	35603	36191	36697	37199	37657	38273	38791	39301
35117	35617	36209	36709	37201	37663	38281	38803	39313
35129	35671	36217	36713	37217	37691	38287	38821	39317
35141	35677	36229	36721	37223	37693	38299	38833	39323
35149	35729	36241	36739	37243	37699	38303	38839	39341
35153	35731	36251	36749	37253	37717	38317	38851	39343
35159	35747	36263	36761	37273	37747	38321	38861	39359
35171	35753	36269	36767	37277	37781	38327	38867	39367
35201	35759	36277	36779	37307	37783	38329	38873	39371
	35771	36293	36781		37799	38333	38891	39373
	35797		36787		37811			39383

39397	39929	40493	41017	41521	42013	42467	42979	43591
39409	39937	40499	41023	41539	42017	42473	42989	43597
39419	39953	40507	41039	41543	42019	42487	43003	43607
39439	39971	40519	41047	41549	42023	42491	43013	43609
39443	39979	40529	41051	41579	42043	42499	43019	43613
39451	39983	40531	41057	41593	42061	42509	43037	43627
39461	39989	40543	41077	41597	42067	42533	43049	43633
39499	40009	40559	41081	41603	42071	42557	43051	43649
39503	40013	40577	41113	41609	42073	42569	43063	43651
39509	40031	40583	41117	41611	42083	42571	43067	43661
39511	40037	40591	41131	41617	42089	42577	43093	43669
39521	40039	40597	41141	41621	42101	42589	43103	43691
39541	40063	40609	41143	41627	42131	42611	43117	43711
39551	40087	40627	41149	41641	42139	42641	43133	43717
39563	40093	40637	41161	41647	42157	42643	43151	43721
39569	40099	40639	41177	41651	42169	42649	43159	43753
39581	40111	40693	41179	41659	42179	42667	43177	43759
39607	40123	40697	41183	41669	42181	42677	43189	43777
39619	40127	40699	41189	41681	42187	42683	43201	43781
39623	40129	40709	41201	41687	42193	42689	43207	43787
39631	40151	40739	41203	41719	42197	42697	43223	43789
39659	40153	40751	41213	41729	42209	42701	43237	43793
39667	40163	40759	41221	41737	42221	42703	43261	43801
39671	40169	40763	41227	41759	42223	42709	43271	43853
39679	40177	40771	41231	41761	42227	42719	43283	43867
39703	40189	40787	41233	41771	42239	42727	43291	43889
39709	40193	40801	41243	41777	42257	42737	43313	43891
39719	40213	40813	41257	41801	42281	42743	43319	43913
39727	40231	40819	41263	41809	42283	42751	43321	43933
39733	40237	40823	41269	41813	42293	42767	43331	43943
39749	40241	40829	41281	41843	42299	42773	43391	43951
39761	40253	40841	41299	41849	42307	42787	43397	43961
39769	40277	40847	41333	41851	42323	42793	43399	43963
39779	40283	40849	41341	41863	42331	42797	43403	43969
39791	40289	40853	41351	41879	42337	42821	43411	43973
39799	40343	40867	41357	41887	42349	42829	43427	43987
39821	40351	40879	41381	41893	42359	42839	43441	43991
39827	40357	40883	41387	41897	42373	42841	43451	43997
39829	40361	40897	41389	41903	42379	42853	43457	44017
39839	40387	40903	41399	41911	42391	42859	43481	44021
39841	40423	40927	41411	41927	42397	42863	43487	44027
39847	40427	40933	41413	41941	42403	42899	43499	44029
39857	40429	40939	41443	41947	42407	42901	43517	44041
39863	40433	40949	41453	41953	42409	42923	43541	44053
39869	40459	40961	41467	41957	42433	42929	43543	44059
39877	40471	40973	41479	41959	42437	42937	43573	44071
39883	40483	40993	41491	41969	42443	42943	43577	44087
39887	40487	41011	41507	41981	42451	42953	43579	44089
39901			41513	41983	42457	42961		
			41519	41999	42461	42967		
					42463			

44101	44641	45181	45751	—	46817	47387	—	48463
44111	44647	45191	45757	46301	46819	47389	47903	48473
44119	44657	45197	45763	46307	46829	—	47911	48479
44123	44683	—	45767	46309	46831	47407	47917	48481
44129	44687	45233	45779	46327	46853	47417	47933	48487
44131	44699	45247	—	46337	46861	47419	47939	48491
44159	—	45259	45817	46349	46867	47431	47947	48497
44171	44701	45263	45821	46351	46877	47441	47951	—
44179	44711	45281	45823	46381	46889	47459	47963	48523
44189	44729	45289	45827	46399	—	47491	47969	48527
—	44741	45293	45833	—	46901	47497	47977	48533
44201	44753	—	45841	46411	46919	—	47981	48539
44203	44771	45307	45853	46439	46933	47501	==	48541
44207	44773	45317	45863	46441	46957	47507	48017	48563
44221	44777	45319	45869	46447	46993	47513	48023	48571
44249	44789	45329	45887	46451	46997	47521	48029	48589
44257	44797	45337	45893	46457	==	47527	48049	48593
44263	—	45341	—	46471	47017	47533	48073	—
44267	44809	45343	45943	46477	47041	47543	48079	48611
44269	44819	45361	45949	46489	47051	47563	48091	48619
44273	44839	45377	45953	46499	47057	47569	—	48623
44279	44843	45389	45959	—	47059	47581	48109	48647
44281	44851	—	45971	46507	47087	47591	48119	48649
44293	44867	45403	45979	46511	47093	47599	48129	48661
—	44879	45413	45989	46523	—	—	48131	48673
44351	44887	45427	==	46549	47111	47609	48157	48677
44357	44893	45433	46021	46559	47119	47623	48163	48679
44371	—	45439	46027	46567	47123	47629	48179	—
44381	44909	45481	46049	46573	47129	47639	48187	48731
44383	44917	45491	46051	46589	47137	47653	48193	48733
44389	44927	45497	46061	46591	47143	47657	48197	48751
—	44939	—	46073	—	47147	47659	—	48757
44417	44953	45503	46091	46601	47149	47681	48221	48761
44449	44959	45523	46093	46619	47161	47699	48239	48767
44453	44963	45533	46099	46633	47189	—	48247	48779
44483	44971	45541	—	46639	—	47701	48259	48781
44491	44983	45553	46103	46643	47207	47711	48271	48787
44497	44987	45557	46133	46649	47221	47713	48281	48799
—	==	45569	46141	46663	47237	47717	48299	—
44501	45007	45587	46147	46679	47251	47737	—	48809
44507	45013	45589	46153	46681	47269	47741	48311	48817
44519	45053	45599	46171	46687	47279	47743	48313	48821
44531	45061	—	46181	46691	47287	47777	48337	48823
44533	45077	45613	46183	—	47293	47779	48341	48847
44537	45083	45631	46187	46703	47297	47791	48353	48857
44543	—	45641	46199	46723	—	47797	48371	48859
44549	45119	45659	—	46727	47303	—	48383	48869
44563	45121	45667	46219	46747	47309	47807	48397	48871
44579	45127	45673	46229	46751	47317	47809	—	48883
44587	45131	45677	46237	46757	47339	47819	48407	48889
—	45137	45691	46261	46769	47351	47837	48409	—
44617	45139	45697	46271	46771	47353	47843	48413	48907
44621	45161	—	46273	—	47363	47857	48437	48947
44623	45179	45707	46279	46807	47381	47869	48449	48953
44633		45737		46811		47881		48973

48989	49463	49999	50503	51071	51581	52103	52673	53173
48991	49477	50021	50513	51109	51593	52121	52691	53189
49003	49481	50023	50527	51131	51599	52127	52697	53197
49009	49499	50033	50539	51133	51607	52147	52709	53201
49019	49523	50047	50543	51137	51613	52153	52711	53231
49031	49529	50051	50549	51151	51631	52163	52721	53233
49033	49531	50053	50551	51157	51637	52177	52727	53239
49037	49537	50069	50581	51169	51647	52181	52733	53267
49043	49547	50077	50587	51193	51659	52183	52747	53269
49057	49549	50087	50591	51197	51673	52189	52757	53279
49069	49559	50093	50593	51199	51679	52201	52769	53281
49081	49597	50101	50599	51203	51683	52223	52783	53299
49103	49601	50111	50627	51217	51691	52237	52807	53309
49109	49613	50119	50647	51229	51713	52249	52813	53323
49117	49627	50123	50651	51239	51719	52253	52817	53327
49121	49633	50129	50671	51241	51721	52259	52837	53353
49123	49639	50131	50683	51257	51749	52267	52859	53359
49139	49663	50147	50707	51263	51767	52289	52861	53377
49157	49667	50153	50723	51283	51769	52291	52879	53381
49169	49669	50159	50741	51287	51787	52301	52883	53401
49171	49681	50177	50753	51307	51797	52313	52889	53407
49177	49697	50207	50767	51329	51803	52321	52901	53411
49193	49711	50221	50773	51341	51817	52361	52903	53419
49199	49727	50227	50777	51343	51827	52363	52919	53437
49201	49739	50231	50789	51347	51829	52369	52937	53441
49207	49741	50261	50821	51349	51839	52379	52951	53453
49211	49747	50263	50833	51361	51853	52387	52957	53479
49223	49757	50273	50839	51383	51859	52391	52963	53503
49253	49783	50287	50849	51407	51869	52433	52967	53507
49261	49787	50291	50857	51413	51871	52453	52973	53527
49277	49789	50311	50867	51419	51893	52457	52981	53549
49279	49801	50321	50873	51421	51899	52489	52999	53551
49297	49807	50329	50891	51427	51907	52501	53003	53569
49307	49811	50333	50893	51431	51913	52511	53017	53591
49331	49823	50341	50909	51437	51929	52517	53047	53593
49333	49831	50359	50923	51439	51941	52529	53051	53597
49339	49843	50363	50929	51449	51949	52541	53069	53609
49363	49853	50377	50951	51461	51971	52543	53077	53611
49367	49871	50383	50957	51473	51973	52553	53087	53617
49369	49877	50387	50969	51479	51977	52561	53089	53629
49391	49891	50411	50971	51481	51991	52567	53093	53633
49393	49919	50417	50989	51487	52009	52571	53101	53639
49409	49921	50423	50993	51503	52021	52579	53113	53653
49411	49927	50441	51001	51511	52027	52583	53117	53657
49417	49937	50459	51031	51517	52051	52609	53129	53681
49429	49939	50461	51043	51521	52057	52627	53147	53693
49433	49943	50497	51047	51539	52067	52631	53149	53699
49451	49957		51059	51551	52069	52639	53161	53717
49459	49991		51061	51563	52081	52667	53171	53719
	49993			51577				

53731
53759
53773
53777
53783
53791

53813
53819
53831
53849
53857
53861
53881
53887
538[illegible]1
53897
53899

53917
53923
53927
53939
53951
53959
53987
58993

54001
54011
54013
54037
54049
54059
54083
54091

54101
54121
54133
54139
54151
54163
54167
54181
54193

54217
54251
54269
54277
54287
54293

54311
54319
54323
54331
54347
54361
54367
54371
54377

54[illegible]01
54403
54409
54411
54419
54421
54437
54443
54449
54469
54493
54497
54499

54503
54517
54521
54539
54541
54547
54559
54563
54577
54581
54583

54601
54617
54623
54629
54631
54647
54667
54673
54679

54709
54713
54721
54727
54751
54767
54773
54779
54787

54799

54829
54833
54851
54869
54877
54881

54907
54917
54919
54941
54949
54959
54973
54979
54983

55001
55009
55021
55049
55051
55057
55061
55073
55079

55103
55109
55117
55127
55147
55163
55171

55201
55207
55213
55217
55219
55229
55243
55249
55259
55291

55313
55331
55333
55337
55339
55343

55351
55373
55381
55399

55411
55439
55441
55457
55469
55487

55501
55511
55529
55541
55547
55579
55589

55603
55609
55619
55621
55631
55633
55639
55661
55663
55667
55673
55681
55691
55697

55711
55717
55721
55733
55763
55787
55793
55799

55807
55813
55817
55819
55823
55829
55837
55843
55849
55871
55889

55897

55901
55903
55921
55927
55931
55933
55949
55967
55987
55997

56003
56009
56039
56041
56053
56081
56087
56093
56099

56101
56113
56123
56131
56149
56167
56171
56179
56197

56207
56209
56237
56239
56249
56263
56267
56269
56299

56311
56333
56359
56369
56377
56383
56393

56401
56417
56431

56437
56443
56453
56467
56473
56477
56479
56489

56501
56503
56509
56519
56527
56531
56533
56543
56569
56591
56597
56599

56611
56629
56633
56659
56663
56671
56681
56687

56701
56711
56713
56731
56737
56747
56767
56773
56779
56783

56807
56809
56813
56821
56827
56843
56857
56873
56891
56893
56897

56909

56911
56921
56923
56929
56941
56951
56957
56963
56983
56989
56993
56999

57037
57041
57047
57059
57073
57077
57089
57097

57107
57119
57131
57139
57143
57149
57163
57173
57179
57191
57193

57203
57221
57223
57241
57251
57259
57269
57271
57283
57287

57301
57329
57331
57347
57349
57367
57373
57383
57389

57397

57413
57427
57457
57467
57487
57493

57503
57527
57529
57557
57559
57571
57587
57593

57601
57637
57641
57649
57653
57667
57679
57689
57697

57709
57713
57719
57727
57731
57737
57751
57773
57781
57787
57791
57793

57803
57809
57829
57839
57847
57853
57859
57881
57899

57901
57917
57923
57943

57947
57973
57977
57991

58013
58027
58031
58043
58049
58057
58061
58067
58073
58099

58109
58111
58129
58147
58151
58153
58169
58171
58189
58193
58199

58207
58211
58217
58229
58231
58237
58243
58271

58309
58313
52321
52337
58363
58367
58369
58379
58391
58393

58403
58411
58417
58427
58439
58441

58451	59023	59513	60091	60659	61231	61751	62311	62903
58453	59029	59539	—	60661	61253	61757	62323	62921
58477	59051	56557	60101	60679	61261	61781	62327	62927
58481	59053	59561	60103	60689	61283	—	62347	62929
—	59063	59567	60107	—	61291	61813	62351	62939
58511	59069	59581	20127	60703	61297	61819	62383	62969
58537	59077	—	60133	60719	—	61837	—	62971
58543	59083	59611	60139	60727	61331	61843	62401	62981
58549	59093	59617	60149	60733	61333	61861	62417	62983
58567	—	59621	60161	60737	61339	61871	62423	62987
58573	59107	59627	60167	60757	61343	61879	62459	62989
52579	59113	59629	60169	60761	61357	—	62467	═
—	59119	69651	—	60763	61363	61909	62473	63029
58601	59123	59659	60209	60773	61379	61927	62477	63031
58603	59141	59663	60217	60779	61381	61933	62483	63059
58613	59149	59669	60223	60793	—	61949	62497	63067
58631	59159	59671	60251	—	61403	61961	—	63073
58657	59167	59693	60257	60811	61409	61967	62501	63079
53661	59183	59699	60259	60821	61417	61979	62507	63097
58679	59197	—	60271	60859	61441	61981	62533	—
58687	—	59707	60289	60869	61463	61987	62539	63103
58693	59207	59723	60293	60887	61469	61991	62549	63113
58699	59209	59729	—	60889	61471	═	62563	63127
—	59219	59743	60317	60899	61483	62003	62581	63131
58711	59221	59747	60331	—	61487	62011	62591	63149
58727	59233	59753	60337	60901	61493	62017	62597	63179
58733	59239	59771	60343	60913	—	62039	—	63197
58741	59243	59779	60353	60917	61507	62047	62603	63199
58757	59263	59791	60373	60919	61511	62053	62617	—
58763	59273	59797	60383	60923	91519	62057	62627	63211
58771	59281	—	60397	60937	61543	62071	62633	63241
58787	—	59809	—	60943	61547	62081	62639	63247
58789	59333	59833	60413	60953	61553	62099	62653	63277
—	59341	59863	60427	60961	61559	—	62659	63281
58831	59351	59879	60443	═	61561	62119	62683	63299
58889	59357	59887	60449	61001	61583	62129	62687	—
58897	59359	—	60457	61007	—	62131	—	63311
—	59369	59921	60493	61027	61603	62137	62701	63313
58901	59377	59929	60497	61031	61609	62141	62723	63317
58907	59387	59951	—	61043	61613	92143	62731	63331
58929	59393	59957	60509	61051	61627	62171	62743	63337
58913	59399	59971	60521	61057	61631	62189	62753	63347
58921	—	59981	60527	61091	61637	64191	62761	63353
58937	59407	59999	60539	61099	61643	—	62773	63361
58943	59417	═	60589	—	61651	62201	62791	63367
58963	59419	60013	—	61121	61657	62207	—	63377
58967	59441	60017	60601	61129	61667	62213	62801	63389
58979	59443	60029	60607	61141	61673	62619	62319	63391
58991	59447	60037	60611	61151	61681	62233	62827	63397
58997	59467	60041	60617	61153	61687	62273	62851	—
═	59471	60077	60623	61169	—	62297	62861	63409
59009	59473	60083	60631	—	61703	62299	62869	63419
59011	59497	60089	60637	61211	61717	—	62873	63421
59021	—		60647	61223	61723	62303	62897	63439
	59509		60649		61729		—	

63443	63907	64567	65101	65617	66161	66749	67261	67783
63463	63913	64577	65111	65629	66169	66751	67271	67789
63467	63929	64579	65119	65633	66173	66763	67273	67801
63473	63949	64591	65123	65647	66179	66791	67289	67807
63487	63977	64601	65129	65651	66191	66797	67307	67819
63493	63997	64609	65141	65657	66221	66809	67339	67829
63499	64007	64613	65147	65677	66239	66821	67343	67843
63521	64013	64621	65167	65687	66271	66841	67349	67853
63527	64019	64627	65171	65699	66293	66851	67369	67867
63533	64033	64633	65173	65701	66301	66853	67391	67883
63541	64037	64661	65179	65707	66337	66863	67399	67891
63559	64063	64663	65183	65713	66343	66877	67409	67901
63577	64067	64667	65203	65717	66347	66883	67411	67927
63587	64081	64679	65213	65719	66359	66889	67421	67931
63589	64091	64693	65239	65729	66361	66919	67427	67933
63599	64109	64709	65257	65731	66373	66923	67429	67939
63601	64123	64717	65267	65761	66377	66931	67433	67943
63607	64151	64747	65269	65777	66383	66943	67447	67957
63611	64153	64763	65287	65789	66403	66947	67453	67961
63617	64157	64781	65293	65809	56413	66949	67477	67967
63629	64171	64783	65309	65827	66431	66959	67481	67979
63647	64187	64793	65623	65831	66449	66973	67489	67987
63649	64189	64811	65327	65837	66457	66977	67493	67993
63659	64217	64817	65353	65839	66463	67003	67499	68023
63667	64223	64849	65357	65843	66467	67021	67511	68041
63671	64231	64853	65371	65851	66491	67033	67523	68053
63689	64237	64871	65381	65867	66499	67043	67531	68059
63691	64271	64877	65393	65881	66509	67049	67537	68071
63697	64279	64879	65407	65899	66523	67057	67547	68087
63703	64283	64891	65413	65921	66529	67061	67559	68099
63709	64301	64901	65419	65927	66533	67073	67567	68111
63719	64303	64919	65423	65929	66541	67079	67577	68113
63727	64319	64921	65437	65951	66553	67103	67579	68141
63737	64327	64927	65447	65957	66569	67121	67589	68147
63743	64333	64937	65449	65963	66571	67129	67601	68161
53761	64373	64951	65479	65981	66587	67139	67607	68171
63773	64381	64969	65497	65983	66593	67141	67619	68207
63881	64399	64997	65519	65993	66601	67153	67631	68209
63793	64403	65003	65521	66029	66617	67157	67651	68213
63799	64433	65011	65537	66037	66629	67169	67679	68219
63803	64439	65027	65539	66041	66643	67181	67699	68227
63809	64445	65029	65543	66047	66653	67187	67709	68239
63823	64453	65033	65551	66067	66683	67189	67723	68261
63839	64483	65053	65557	66071	66697	67211	67733	68279
63841	64489	65063	65563	65083	66701	67213	67741	68281
63853	64499	65071	65579	66089	66713	67217	67751	68303
63857	64513	65089	65581	66103	66721	67219	67757	68317
63863	64553	65099	65587	66107	66733	67231	67759	68333
63901			65599	66109	66739	67247	67763	
			65609	66137			67777	

68353
68377
68393
——
68437
68443
68447
68449
68473
68477
68483
68489
68491
——
68501
68507
68521
68531
68539
68543
68567
68581
68597
——
68611
68633
68639
68659
68669
68783
68687
68699
——
68711
68713
68729
68737
68743
68749
68767
68771
68777
68791
——
68813
68819
68821
68863
68879
68881
98891
68897
68899
——

68903
67909
68917
68927
68947
68963
68993
══
69001
69011
69019
69029
69031
69061
69067
69073
——
69109
69119
69127
69143
69149
69151
69163
69191
69193
69197
——
69203
69221
69233
69239
69247
69257
99259
69263
——
69313
69317
69337
69341
69371
69379
69383
69389
——
69401
69403
69427
69431
69439
69457
69463
69467

69473
69481
69491
69493
69497
69499
——
69539
69557
69593
——
69623
69658
69661
69677
69691
69697
——
69709
69737
69739
69761
69763
69767
69779
——
69803
69821
69827
69829
69833
69847
69857
69859
69877
69899
——
69911
69929
69931
69941
69959
69991
69997
══
70001
70003
70009
70019
70039
70051
70061
70067

70079
70099
——
70111
70117
70121
70123
70139
70141
70157
70163
70177
70181
70183
70199
——
70201
70207
70223
70229
70237
70241
70249
70271
70289
70297
——
70309
70313
70321
70327
70351
70373
70379
70381
70393
——
70423
70429
70439
70451
70457
70459
70481
70487
70489
——
70501
70507
70529
70537
70549
70571
70573

70583
70589
——
70607
70619
70621
70627
70639
72657
70663
70667
70687
——
70709
70717
70729
70753
70769
70783
70793
——
70823
70841
70843
70849
70853
76867
70877
70879
70891
——
70901
70913
70919
70921
70937
70949
70951
70957
70969
70979
60981
70991
70997
70999
══
71011
71023
71039
71059
71069
71081
71089

71119
71129
71143
71147
71153
71161
71167
71171
71191
——
71209
71233
71237
71249
71257
71261
71263
71287
71293
——
71317
71327
71329
71333
71339
71341
71347
71353
71359
71363
71387
71389
71399
——
71411
71413
71419
71429
71437
71443
71453
71471
71473
71479
71483
——
71503
71527
71537
71549
71551
71563
71569
71593

71597
——
71633
71647
71663
71671
71693
71699
——
71707
71711
71713
71719
71741
71761
71777
71789
——
71807
71809
71321
71837
71843
71849
71861
71867
71879
71881
71887
71899
——
71909
71917
71933
71941
71947
71963
71971
71983
71987
71993
71999
══
72019
72031
72043
72047
72053
72073
72077
72089
72091
——

72101
72103
72109
72139
72161
72167
72169
72173
——
72211
72221
72223
72227
72229
72251
72253
72269
72271
72277
72287
——
72307
72313
72337
72341
72353
72367
72379
72383
——
72421
72431
72461
72467
72469
72481
72493
72497
——
72503
72533
72547
72551
72559
72577
——
72613
72617
72623
72643
72647
72649
72661
72671

72673
72679
72689
——
72701
72707
72719
72727
72733
72739
72763
72767
72797
——
72817
72823
72859
72869
72871
72883
72889
72893
——
72901
72907
72911
72923
72931
72937
72949
72953
72959
72973
72977
72997
══
73009
73013
73019
73037
73039
73043
73061
73063
73079
73091
——
73121
73127
73133
73141
73181
73189
——

73237	73783	74323	74861	75401	75967	—	77069	77573
73243	—	74353	74869	75403	75979	76507	77081	77587
73259	73819	74357	74873	75407	75983	76511	77093	77591
73277	73823	74363	74887	75431	75989	76519	—	—
73291	73847	74377	74891	75437	75991	76537	77101	77611
—	73849	74381	74897	75479	75997	76541	77137	77617
73303	73359	74383	—	—	═	76543	77141	77621
73309	73867	—	74903	75503	76001	76561	77153	77641
73327	73877	74411	74923	75511	76003	76579	77167	776 7
73331	73883	74413	74929	75521	76021	76597	77171	77659
73351	—	74419	74933	75527	76031	—	77191	77681
73361	73907	74441	74941	75533	76039	76603	—	77687
73363	73939	74449	74959	75539	76079	76607	77201	77689
73369	73943	74453	═	75541	76081	76631	77213	77699
73379	73951	74471	75011	75553	76091	76649	77237	—
73387	73961	74489	75013	75557	76099	76651	77239	77711
—	73973	—	75017	75571	—	76667	77243	77713
73417	73999	74507	75029	75577	76103	76673	77249	77719
73421	═	74509	75037	75583	76123	76679	77261	77723
73433	74017	74521	75041	—	76129	76697	77263	77731
73453	74021	74527	75079	75611	76147	—	77267	77743
73459	74027	74531	75093	75617	76157	76717	77269	77747
73471	74047	74551	—	75619	76159	76733	77276	77761
73477	74051	74561	75109	75629	76163	76753	77291	77773
73483	74071	74567	75133	75641	—	76757	—	77783
—	74077	74573	75149	75653	76207	76771	77317	77797
73517	74093	74587	75161	75659	76213	76777	77323	—
73523	74099	74597	75167	75679	76231	76781	77339	77801
73529	—	—	75169	75683	76243	—	77347	77813
73547	74101	74609	75181	75689	76249	76801	77351	77839
73553	74131	74611	75193	—	76253	76819	77359	77849
73561	74143	74623	—	75703	76259	76829	77369	77863
73571	74149	74653	75209	75707	76261	76831	77377	77867
73583	74159	74687	75211	75709	76283	76837	77383	77893
73589	74161	74699	75217	75721	76289	76847	—	77899
73597	74167	—	75223	75731	—	76871	77417	—
—	74177	74707	75227	75743	76303	76873	77419	77929
73607	74189	74713	75239	75767	76333	76883	77431	77933
73609	74197	74717	75253	75773	76343	—	77447	77951
73613	—	74719	75269	75781	76367	76907	77471	77969
73637	74201	74729	75277	75787	76369	76913	77477	77977
73643	74203	74731	75289	75793	76379	76919	77479	77983
73651	74209	74747	—	75797	76387	76943	77489	77999
73673	74219	74759	75307	—	—	76949	77491	═
73679	74231	74761	75323	75821	76403	76961	—	78007
73681	74257	74771	75329	75833	76421	76963	77509	78017
73693	74279	74779	75337	75853	76423	76991	77513	78031
73699	74287	74797	75347	75869	76441	═	77521	78041
—	74293	—	75353	75883	76463	77003	77527	78049
73709	74297	74821	75367	—	76471	77017	77543	78059
73721	—	74827	75377	75013	76481	77023	77549	78079
73727	74311	74831	75389	75931	76487	77029	77551	—
73751	74317	74843	75391	75937	76493	77041	77557	78101
73757		74857	—	75941		77047	77563	78121
73771							77569	78137

78139
78157
78163
78167
78173
78179
78191
78193

78203
78229
78233
78241
78259
78277
78283

78301
78307
78311
78317
78341
78347
78367

78401
78427
78437
78439
78467
78479
78487
78497

78509
78511
78513
78539
78541
78553
78569
78571
78577
78583
78593

78601
78623
78643
78649
78653
78691
78697

78707
78713
78721
78737
78779
78781
78787
78791
78797

78803
78809
78823
78839
78853
78857
78877
78887
78889
78893

78901
78919
78929
78941
78977
78979
78989

79031
79039
79043
79063
79087

79103
79111
79133
79139
79147
79151
79153
79159
79181
79187
79193

79201
79229
79231
79241
79259
79273
79279
79283

79301
79309
79319
79333
79337
79349
79357
79367
79379
79393
79397
79399

79411
79423
79427
79433
79451
79481
79493

79531
79537
79549
79559
79561
79579
79589

79601
79609
79613
79621
79627
79631
79633
79657
79669
79687
79691
79693
79697
79699

79757
79769
79777

79801
79811
79813
79817
79823
79829
79841
79843
79847
79861
79867
79873
79889

79901
79903
79907
79939
79943
79967
79973
79979
79987
79997
79999

80021
80039
80051
80071
80077

80108
80111
80141
80147
80149
80153
80167
80173
80177
80191

80207
80209
80221
80231
80233
80239
80251
80263
80273
80279
80287

80309
80317
80329
80341
80347
80363
80369
80387

80401
80429
80447
80449
80471
80473
80489
80491

80513
80527
80537
80557
80567
80599

80603
80611
80621
80627
80629
80651
80657
80669
80671
80677
80681
80683
80687

80701
80713
80737
80747
80749
80761
80777
80779
80783
80789

80803
80809
80819
80831
80833
80849
80863
80897

80909
80911
80917
80923
80929
80933
80953
80963
80989

81001
81013
81017
81019
81023
81031
81041
81043
81047
81049
81071
81077
81083
81097

81101
81119
81131
81157
81163
81173
81181
81197
81199

81203
81223
81233
81239
81281
81283
81293
81299

81307
81331
81343
81349
81353
81359
81371
81373

81401
81409
81421
81439
81457
81463

81509
81517
81527
81533
81547
81551
81553
81559
81563
81569

81611
81619
81629
81637
81647
81649
81667
81671
81677
81689

81701
81703
81707
81727
81737
81749
81761
81769
81773

81817
81839
81847
81853
81869
81883
81899

81901
81919
81929
81931
81937
81943
81953
81967
81971
81973

82003
82007
82009
82013
82021
82031
82037
82039
82051
82067
82073

82129
82139
82141
82153
82163
82171
82183
82189
82193

82207
82217
82219
82223
82231
82237
82241
82261
82267
82279

82301
82307
82339
82349
82351
82361
82373
82387
82393

82421
82457
82463
82469
82471
82483
82487
82493
82499

82507
82529
82531
82549
82559
82561
82567
82571
82591

82601
82609
82613
82619
82633
82651
82657
82699

82721
82723
82727
82729
82757
82759
82763
82781
82787
82793
82799

82811
82813
82837
82847
82883
82889
82891

82903
82913
82939
82963
82981
82997

83003
83009
83023
83047
83059
83063
83071
83077
83089
83093

83101
83117
83137

83177

83203
83207
83219
83221
83227
83231
83233
83243
83257
83267
83269
83273
83299

83311
83339
83341
83357
83383
83389
83399

83401
83407
83417
83423
83431
83437
83443
83449
83459
83471
83477
83497

83537
83557
83561
83563
83579
83591
83597

83609
83617
83621
83639
83641
83653
83663
83689

83701

—

83717
83719
83737
83761
83773
83777
83791

83813
83833
83843
83857
83869
83873
83891

83903
83911
83921
83933
83939
83969
83983
83987

84011
84017
84047
84053
84059
84061
84067
84089

84121
84127
84131
84137
84143
84163
84179
84181
84191
84199

84211
84221
84223
84229
84239
84247
84263
84299

—

84307
84313
84317
84319
84347
84349
84377
84389
84391

84401
84407
84421
84431
84437
84443
84449
84457
84463
84467
84481
84499

84503
84509
84521
84523
84533
84551
84559
84589

84629
84631
84649
84653
84659
84673
84691
84697

84701
84713
84719
84731
84737
84751
84761
84787
84793

84809
84811
84827
84857

—

84859
84869
84871

84913
84919
84947
84961
84967
84977
84979
84991

85009
85021
85027
85037
85049
85061
85081
85087
85091
85093

85103
85109
85121
85133
85147
85159
85193
85199

85201
85213
85223
85229
85243
85247
85259
85297

85303
85313
85331
85333
85361
85363
85369
85381

85411
85427
85429
85439

—

85447
85451
85453
85469
85487

85513
85517
85523
85531
85549
85571
85577
85597

85601
85607
85619
85621
85627
85639
85643
85661
85667
85669
85691

85703
85711
85717
85733
85751
85781
85793

85817
85819
85829
85831
85837
85843
85847
85853
85889

85903
85909
85931
85933
85991

86011
86017
86027
86029

—

86069
86077
86083

86111
86113
86117
86131
86137
86143
86161
86171
86179
86183
86197

86201
86209
86239
86243
86249
86257
86263
86269
86287
86291
86293
86297

86311
86323
86341
86351
86353
86357
86369
86371
86381
86389
86399

86413
86423
86441
86453
86461
86467
86477
86491

86501
86509
86531
86533
86539

—

86561
86573
86579
86587
86599

86627
86629
86677
86689
86693

86711
86719
86729
86743
86753
86767
86771
86783

86813
86837
86843
86851
86857
56861
56869

86923
86927
86929
86939
86951
86959
86969
86981
86993

87011
87013
87037
87041
87049
87071
87083

87103
87107
87119
87121
87133
87149
87151
87179

—

87181
87187

87211
87221
87223
87251
87253
87257
87277
87281
87293
87299

87313
87317
87323
87337
87359
87383

87403
87407
87421
87427
87433
87443
87473
87481
87491

87509
87511
87517
87523
87539
87541
87547
87553
87557
87559
87583
87587
87589

87613
87623
87629
87631
87641
87643
87649
87671
87679
87683
87691

—

87697

87701
87719
87721
87739
87743
87751
87767
87793
87797

87803
87811
87833
87853
87869
87877
87881
87887

87911
87917
87931
87943
87959
87961
87973
87977
87991

88001
88003
88007
88019
88037
88069
88079
88093

88117
88129
88169
88177

88211
88223
88237
88241
88259
88261
88289
88301
88321

88327
88337
88339
88379
88397

88411
88423
88427
88463
88469
88471
88493
88499

88513
88523
88547
88589
88591

88607
88609
88643
88651
88657
88661
88663
88667
88681

88721
88729
88741
88747
88771
88789
88793
88799

88801
88807
88811
88813
88817
88819
88843
88853
88861
88867
88873
88883
88897

88903
88919

88937
88951
88969
88993
88997

89003
89009
89017
89021
89041
89051
89057
89069
89071
89083
89087

89101
89107
89113
89119
89123
89137
89153
89189

89203
89209
89213
89227
89231
89237
89261
89269
89273
89293

89303
89317
89329
89363
89371
89381
89387
89393
89399

89413
89417
89431
89443
89449
89459
89477

89491

89501
89513
89519
89521
89527
89533
89561
89563
89567
89591
89597
89599

89603
89611
89627
89633
89653
89657
89659
89669
89671
89681
89689

89753
89759
89767
89779
89783
89797

89809
89819
89821
89833
89839
89849
89867
89891
89897
89899

89909
89917
89923
89939
39959
89963
89977
89983
89989

90001
90007
90011
90017
90019
90023
90031
90053
90059
90067
90071
90073
90089

90107
90121
90127
90149
90163
90173
90187
90191
90197
90199

90203
90217
90227
90239
90247
90263
90271
90281
90289

90319
90353
90353
90379
90371
90373
90379
90397

90401
90403
90407
90437
90439
90469
90473
90481
90499

90511
90523

90527
90529
90533
90547
90583
90599

90617
90619
90631
90641
90647
90659
90677
90679
90697

90703
90709
90731
90749
90787
90793

90803
90821
90823
90833
90841
90847
90863
90887

90901
90907
90911
90917
90931
90947
90971
90977
90989
90997

91009
91019
91033
91079
91081
91097
91099

91121
91127
91129

91139
91141
91151
91153
91159
91163
91183
91193
91199

91229
91237
91243
91249
91253
91283
91291
91297

91303
91309
91331
91367
91369
91373
91381
91387
91393
91397

91411
91423
91433
91453
91457
91459
91463
91493
91499

91513
91529
91541
91571
91573
91577
91583
91591

91621
91631
91639
91673
91691

91703

91711
91733
91753
91757
91771
91781

91801
91807
91811
91813
91823
91837
91841
91867
91873

91909
91921
91939
91943
91951
91957
91961
91967
91969
91997

92003
92009
92033
92041
92051
92077
92083

92107
92111
92119
92143
92153
92173
92177
92179
92189

92203
92219
92221
92227
92233
92237
92243
92251
92267

92297

92311
92317
92333
92347
92353
92357
92363
92369
92377
92381
92383
92387
92399

92401
92413
92419
92431
92459
92461
92467
92479
92489

92503
92507
92551
92557
92567
92569
92581
92593

92623
92627
92639
92641
92643
92657
92669
92671
92681
92683
92693
92699

92707
92717
92723
92737
92753
92761
92767

93779
92789
92791

92801
92809
92821
92831
92849
92857
92861
92863
92867
92893
92899

92921
92927
92941
92951
92957
92959
92987
92993

93001
93047
93053
93059
93077
93083
93089
93097

93103
93113
93131
93133
93139
93151
93169
93179
93187
93199

93229
93239
93241
93251
93253
93257
93263
93281
93283
93287

93307	93923	94463	95009	95531	96053	96667	97213	97843
93319	93937	94477	95021	95539	96059	96671	97231	97847
93323	93941	94483	95027	95549	96079	96697	07241	97849
93329	93949	94513	95063	95561	96097	96703	97259	97859
93337	93967	94529	95071	95569	96137	96731	97283	97861
93371	93971	94531	95083	95581	96149	96737	97301	97871
93377	93979	94541	95087	95597	96157	96739	97303	97879
93383	93983	94543	95089	95603	96167	96749	97327	97883
93407	93997	94547	95093	95617	96179	96757	97367	97919
93419	94007	94559	95101	95621	96181	96763	97369	97927
93427	94009	94561	95107	95629	96199	96769	97373	97931
93463	94033	94573	95111	95633	96211	96779	97379	97943
93479	94049	94583	95131	95651	96221	96787	97381	97961
93481	94057	94597	95143	95701	96223	96797	97387	97967
93487	94063	94603	95153	95707	96233	96799	97397	97973
93491	94079	94613	95177	95713	96259	96821	97423	97987
93493	94099	94621	95189	95717	96263	96823	97429	98009
93497	94109	94649	95191	95723	96269	96827	97441	98011
93503	94111	94651	95203	95731	96281	96847	97453	98017
93523	94117	94687	95213	95737	96289	96851	97459	98041
93529	94121	94693	95219	95747	96293	96857	97463	98047
93553	94151	94709	95231	95773	96323	96893	97499	98057
93557	94153	94723	95233	95783	96329	96907	97501	98081
93559	94169	94727	95239	95789	96331	96911	97511	98101
93563	94201	94747	95257	95791	96337	96931	97523	98123
93581	94207	94771	95261	95801	96353	96953	97547	98129
93601	94219	94777	95267	95803	96377	96959	97549	98143
93607	94229	94781	95273	95813	96401	96973	97553	98179
93629	94253	94789	95279	95819	96419	96979	97561	98207
93637	94261	94793	95287	95857	96431	96989	97571	98213
93683	94273	94811	95311	95869	96443	96997	97577	98221
93701	94291	94819	95317	95873	96451	97001	97579	98227
93703	94307	94823	95327	95881	96457	97003	97583	98251
93719	94309	94837	95339	95891	96461	97007	97607	98257
93739	94321	94841	95369	95911	96469	97021	97609	98269
93761	94327	94847	95383	95917	96479	97039	97613	98297
93763	94331	94849	95393	95923	96487	97073	97649	98299
93787	94343	94873	95401	95929	96493	97081	97651	98317
93809	94349	94889	95413	95947	96497	97103	97673	98321
93811	94351	94903	95419	95957	96517	97117	97687	98323
93827	94379	94907	95429	95959	96527	97127	97711	98327
93851	94397	94933	95441	95971	96553	97151	97729	98347
93871	94399	94949	95443	95987	96557	97157	97771	98369
93887	94421	94951	95461	95989	96581	97159	97777	98377
93889	94427	94961	95467	96001	96587	97169	97787	98387
93893	94433	94993	95471	96013	96589	97171	97789	98389
93901	94439	94999	95479	96017	96601	97177	97813	98407
93911	94441	95003	95483	96043	96643	97187	97829	98411
93913	94447		95507		96661		97841	
			95527					

98419		98801	98947	99109	99289		99689	99839
98429	98621	98807	98953	99119		99523		99859
98443	98627	98809	98963	99131	99317	99527	99707	99871
98453	98639	98837	98981	99133	99347	99529	99709	99877
98459	98641	98849	98993	99137	99349	99551	99713	99881
98467	98653	98867	98999	99139	99367	99559	99719	
98473	98669	98869		99149	99371	99563	99721	99901
98479	98689	98873		99173	99377	99571	99733	99907
98491		98887	99013	99181	99391	99577	99761	99923
	98711	98893	99017	99191	99397	99581	99767	99929
98507	98713	98897	99023				99787	99961
98519	98717	98899	99041	99223	99401	99607	99793	99971
98533	98729		99053	99233	99406	99611		99989
98543	98731	98909	99079	99241	99431	99623	99809	99991
98561	98737	98911	99083	99251	99439	99643	99817	
98563	98773	98927	99089	99257	99469	99661	99823	
98573	98779	98929		99259	99487	99667	99829	
98597		98939	99103	99277	99497	99679	99833	100003

Imprimerie de BACQUENOIS et comp., rue Christine, 2.

www.ingramcontent.com/pod-product-compliance
Ingram Content Group UK Ltd.
Pitfield, Milton Keynes, MK11 3LW, UK
UKHW020407230726
13925UKWH00003B/1292